요리총각
김형곤의
싱글을 위한
요리법

글·요리·사진 김형곤

북하우스

혼자 살던 3년 전 그때. 라면이 주식, 단무지가 부식이었던 시절이었습니다. 돈이 없어서도 아니었고, 나가서 같이 사먹을 친구가 없어서도 아니었죠. 단지 귀찮다는 이유 하나만으로 저의 생활은 점점 피폐해져가고 있었던 겁니다. -_-;

그러다 어느 날 문득, 이제 더는 이렇게 먹고는 못 살겠다는 생각이 마구마구 들더군요. 라면도 물려서 더이상은 못 먹겠고, 밖에서 사먹는 것도 한두 번이지 항상 그런 럭셔리(?)한 생활을 유지할 형편도 못 되었답니다. 그래서 시작한 것이 '요리' 라는 녀석입니다. ^^

처음엔 아주 간단하게 시작했습니다. 라면이 질리긴 했지만 그래도 가장 쉽게 접할 수 있는 식량이었기에 라면의 조리법을 획기적으로 뜯어 고치기로 했죠. 고추장과 설탕을 넣은 '내 맘대로 찌개라면', 라면의 면만 삶아서 케첩과 설탕을 넣은 '역시 내 맘대로 어린이라면', 라면스프로 볶음밥을 해먹는 '또다시 내 맘대로 라면볶음밥' 등등등. 요리에 도전한 초창기는, 라면의 화려한 변신의 나날이었습니다. 그때서부터 저는 요리가 재미있어지기 시작했던 것 같아요.

다양한 라면요리도 슬슬 질리기 시작하면서 저의 요리 세계는 서서히 밥으로 넘어갔습니다. 일단 밥을 지어야 하는데 대체 밥을 어떻게 지어야 할지부터가 막막하더라고요. 하지만 뭐! 인터넷 검색으로 해결했죠. 인터넷을 열심히 뒤지고, 떨리는 마음으로 첫 시도를 해보고, 두세 번의 실패를 거울삼아, 드디어는 완벽한 밥을 지어내는 경지(?!)에까지 이르게 되었답니다. 그때의 기쁨이란! ^^ 그렇게 시작된 다양한 밥요리. 행복한 나날들이었습니다.

그리고 언제부턴가 요리 과정을 사진으로 찍어서 제 미니홈피에 올리기 시작했죠. 사람들이 하나둘 찾아와주시고, 방명록에 댓글들이 올라오고, 급기야 싸이월드 '테마홈피' 와 '멤버인터뷰' 에 선정되더니 여기저기서 인터뷰 요청도 오더라고요. 취미로 시작한 요리가 지금은 제 삶을 조금은 더 특별하고 조금은 더 재미있게 만들어주고 있습니다.

　이 책엔, 제가 싱글로 살면서, 그리고 자취하는 직장인으로 생활하면서, 하나씩 도전해보고 만들어보고 맛보았던 요리들을 모아서 실었습니다. 혼자 사는 싱글의 영원한 골칫거리인 찬밥 활용하기에서부터 친구들이랑 오붓하게 술 한잔 할 때 유용한 안주 만드는 법까지, 싱글을 위해 꼭 필요한 요리들만 알차게 모았습니다.

　요리라고 하니까 겁부터 덜컥 나신다고요? 그럼, 라면 끓이는 거랑 비슷하다고 생각하세요. 실제로 많은 요리가 라면의 조리와 그렇게 다르지 않답니다. 물을 끓이고 양념을 넣고 적당하게 익히고……. ^-^

　저 또한 전문 요리사도 아니고, 어디에서 체계적으로 요리를 차근차근 배운 사람도 아닙니다. 그저 집에서 내 입을 즐겁게 하기 위해 음식을 만드는 평범한 싱글남에 불과하답니다. 그러니 여러분들 누구나 당연히 저만큼 성공할 수 있을 것이라 믿어 의심치 않아요. 그것이 이 책을 내게 된 동기이기도 하고요. 걱정하지 마세요. 저와 함께, 일단 쉬운 것부터 시작해봅시다. 자, 달려보자고요!

　요리하다가 궁금하신 점은 싸이월드의 제 미니홈피 www.cyworld.com/adbada로 언제든 문의해주세요. 제가 도와드릴 수 있는 만큼 정성껏 답변해드리겠습니다. ^-^

1부 기본재료 다양하게 활용하기

참치캔 활용하기

두부 활용하기

찬밥 활용하기

기타재료 활용하기

4부 술 땡기는 날

맥주맛 살려주는 안주

소주맛 살려주는 안주

와인맛 살려주는 안주

계량법

1큰 밥숟가락을 사용하세요.
반큰 1큰의 1/2에 해당하는 분량.
1작 티스푼을 사용하세요. 티스푼도 종류가 많은데, 약간 작은 것을 사용해 주세요.
반작 1작의 1/2에 해당하는 분량.
1/3작 1작의 1/3에 해당하는 분량.

가루의 경우는 숟가락에 평평하게 올려진 상태가 기준입니다. 가루의 경우엔 수북이 담으면 안 됩니다. 주의하세요!
양념장은 살짝 볼록하게 올라온 상태가 기준입니다.
액체는 넘치지 않을 정도로 뜬 상태가 기준입니다.

cm 호박이나 당근, 무 등 야채류를 사용할 때 작은 토막이 필요할 경우 cm로 분량을 표시했습니다. 일반적으로 검지나 중지손가락 한마디 반 정도가 3cm라고 보면 됩니다.

1줌 국수, 나물, 기타 흩어지기 쉬운 재료를 손으로 가볍게 쥔 상태.

1컵 보통 200~250ml를 말합니다. 500ml 생수통을 이용해 눈대중으로 계산하거나 200ml 우유팩을 사용하면 됩니다. 대략적으로 일반 물컵의 경우 200~230ml가 대부분입니다.

약간 소금, 간장 등으로 간을 맞출 때 '약간' 이라는 용어가 나오면, 조금씩 넣어가면서 직접 간을 보라는 뜻입니다. 간이 딱 맞다 싶기 바로 전, 약간 싱겁다 싶게 간을 맞추는 게 가장 좋습니다. 조미료의 경우 '약간' 이라는 용어가 나오면, 넣어준다는 느낌만 살려서 살짝 넣으라는 뜻입니다.

썰기

어슷썰기 옆면이 비스듬하게 썰어주는 것. 고추, 파 등 주로 야채를 썰 때 사용. 그냥 써는 것보다 재료가 큼직해 보여서 요리가 더 풍성해 보이는 장점이 있어요.

편으로 썰기 얇게 펴서 썰어주는 것. 마늘, 생강, 버섯 등을 썰 때 자주 사용.

채썰기 일단 편으로 썰어서 다시 얇게 한번 더 썰어주는 것.

나박썰기 네모모양으로 썰어주는 것. 국물요리에 들어갈 재료를 썰 때 자주 사용.

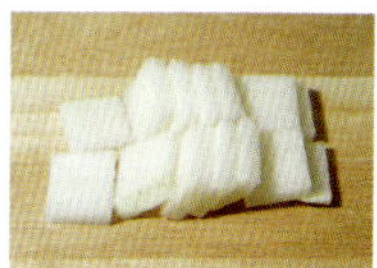

반드시 구비해야 할 양념과 재료

가장 기본적으로 구비해둬야 할 양념들은 한번 사면 오래 보관할 수 있고 언제나 유용하게 사용될 수 있는 재료들입니다. 요리 시작하기 전에 집에 기본양념과 재료들이 있는지 먼저 살펴볼까요?

진간장(=왜간장=양조간장=숙성시킨 간장) 주로 찌개, 전골, 조림, 찜, 양념장에 사용.

조선간장(=집간장=국간장=햇간장) 주로 국, 나물무침에 사용.

기본 소금 꽃소금 각종 반찬, 국, 찌개류에 두루 사용. 기본 맛내기용으로 쓰이는 소금. 재료 자체의 맛이 진하지 않은 나물류(콩나물, 숙주, 무나물 등)에 잘 어울려요.

간 맞추는 데 자신 없는 분들은 맛소금 각종 반찬, 국, 찌개류에 사용. 특히 나물무침에 사용하면 쉽게 간을 맞출 수 있어요. 조미료 특유의 감칠맛이 나지만 음식맛의 깊이를 살릴 수는 없다는 단점이 있어요. 무침요리에 맛소금을 약간 넣어주면 맛이 확 살아나기 때문에, 요리초짜에게 적합합니다. 건강을 생각해서, 너무 많이 사용하진 마세요.

된장 된장은 순창을 주로 이용한답니다. 특히 쌈장용 된장은 순창쌈장이 맛있어요.

고추장 태양초고추장이 제 입맛엔 가장 맛있더라고요. 적당히 달콤한 맛에 고추맛이 잘 살아 있는 것 같아요.

물엿 물엿은 점성이 있기 때문에, 찜이나 볶음요리같이 걸죽하고 찐득찐득한 느낌이 나는 한식이나 밑반찬을 만들 땐 설탕 대신 물엿을 사용합니다.

깨소금 웬만한 한식 요리는 깨소금을 골고루 뿌려주는 걸로 마무리하죠.

다진 마늘 한번에 많은 양을 갈아서 크린랩에 한주먹씩 담아 냉동실에 꽁꽁 얼려두었다가, 필요할 때마다 한 덩어리씩 꺼내서 밀폐용기에 담아 곧바로 냉장실에 보관하면서 사용하면 됩니다.

맛술 고기류, 해물류, 생선류 요리할 때 비린내나 잡내를 제거하는 데 아주 좋습니다. 찌개를 끓일 때 간혹 잡내가 나는 경우에도 맛술을 함께 넣으면 아주 깔끔해져요. 오래된 재료로 요리할 때도 맛술을 조금 넣어서 요리하면 재료 맛을 살릴 수 있습니다. 예를 들어, 오래 묵은 쌀로 밥을 지을 때 맛술을 약간 넣으면 기름기가 좌르르 돈답니다. 맛술은 미림이 유명하죠. 청주는 탁월한 자연맛술이고요. 만약 집에 맛술이나 청주가 없다면 김빠진 소주를 써도 좋아요. 대신 소주의 양을 조금 적게 사용하세요.

풋고추 붉은고추 찌개나 무침에 사용. 특히 붉은고추는 풋고추보다 더 두껍고 특유의 신맛이 있어서 찌개나 무침에 사용하면 음식의 맛과 색감을 더 살려주지요. 고추는 깨끗이 씻어서 밀폐용기에 담아 냉장실에 보관하면 좋습니다.

대파 우리나라 음식에서 빠지지 않는 재료예요. 매운맛과 함께 달콤한 맛이 나기 때문에 텁텁한 음식을 깔끔하게 정리해주는 역할을 하지요. 찌개류, 볶음류, 무침류에 대파를 넣어서 요리하면 각각의 재료의 맛을 살려주면서 요리 자체의 맛을 한결 더 높여줍니다. 육수를 우릴 때도 함께 넣으면 고기 특유의 잡내를 없애주고 시원한 맛을 더해주지요.

양파 열을 가하면 매운맛이 단맛으로 바뀝니다. 부드러우면서 도톰하고 대파보다 자극이 덜해 볶음류에 주로 사용합니다.

그 외, 고춧가루, 식용유, 설탕, 참기름, 후추, 다시다!

양념 넣는 순서 언제나 설탕 → 간장 → 참기름 순으로 양념하세요. 침투력이 제일 약한 설탕을 가장 먼저 넣어야 하며, 참기름은 마지막에 넣어야 다른 양념이 겉돌지 않아요.

웬만하면 있으면 좋은 양념과 재료

요리의 맛과 향을 풍부하게 해주는 양념과 재료들을 구비해놓으면 요리하는 맛이 훨씬 더 살아난답니다. 그다지 비싸지도 않고 대형 할인마트에서 손쉽게 구할 수 있는 것들이랍니다. 이런 재료를 하

나씩 사모아서 요리에 활용해보는 재미도 만만치 않답니다.

올리브유 대두나 옥수수로 만든 식용유보다 훨씬 몸에 좋답니다. 더불어 특유의 향이 있어 서양식이나 퓨전요리에 사용하면 정말 좋아요.

다시마 다시마는 다양한 다시의 맛을 내줍니다. 특히 고기를 이용한 국물요리에 적당히 넣어주면 실패했다 싶었던 요리도 어느 정도 되살릴 수 있습니다. 다시마는 큰 것 한 장 사서, 가로 세로 10cm 크기로 잘라서 냉장보관해놓고 두고두고 쓰면 좋아요.

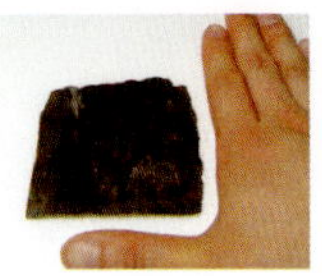

육수본 육수본은 간편하게 육수를 만들 수 있는 재료입니다. 몇 시간씩 육수를 낼 여유가 없이 바쁠 때 간편하게 육수본을 사용하면 좋답니다.

굴소스 굴소스는 굴의 농축액을 혼합한 간장류입니다. 간장 대신 사용하면 굴의 풍미가 살아나서 음식의 감칠맛을 더해줍니다. 주로 볶음요리와 국물요리에 많이 사용합니다. 단, 무침엔 사용하지 마세요. 굴소스의 다양한 활용법은 211쪽을 참조하세요.

우스터소스 서양식 소스의 기본이 되는 소스입니다. 우스터소스 하나로 스테이크소스, 돈가스소스, 서양식의 조림용 소스 등 다양한 소스를 만들 수 있기 때문에, 하나쯤 사두면 정말 활용도 높은 재료랍니다.

올리브잎 서양식 조림이나 국물요리에 거의 필수적으로 사용되는 재료입니다. 향을 더하고 잡내를 제거해주는 역할을 합니다.

그 외, 케첩, 마요네즈, 겨자, 와사비, 미원!

재료를 구입하실 땐 할인마트를 이용하세요.
유통기한이 길고 자주 사용하는 재료들은 한번에 많이 구입해 놓으셔도 된답니다. 참치캔이나 골뱅이 같은 것 말이죠. 하지만 해산물이나 고기류는 되도록 아침에 들어온 싱싱한 것들을 구입하시고, 바로 드실 거라면 마감 직전의 저녁시간 때를 이용하셔서 할인을 받는 것도 하나의 전략일 수 있답니다.
주류의 경우도 마찬가지입니다. 소주나 맥주류는 최근에 나온 것이 가장 맛있으니 일부러 먼지 쌓인 것 열심히 찾아서 사오지 마세요.

자! 이제 기본재료를 갖추었군요. 그렇다면 지금부터 싱글만을 위한 특별한 요리의 세계로 들어가 볼까요?

기본재료
다양하게 활용하기

참치캔 활용하기

어디서나 쉽게 구할 수 있는 게 바로 참치캔이죠?
참치캔 하나로 얼마나 다양한 요리가 나올 수 있는지!
참치캔의 변신은 무죄랍니다!

두부 활용하기

영양가 높고 값도 싸고! 두부만한 재료가 또 있나요?
밥반찬에서, 샐러드에, 간식까지!
두부 하나로 밥상이 풍성해집니다.

찬밥 활용하기

넘쳐나는 찬밥 때문에 고민이 이만저만이 아니시죠?
저도 자취할 때 밥을 한번 만들어놓고 두고두고 먹었는데,
여름에는 밥이 일찍 쉬어서 찬밥 처리가 꽤나 문제였답니다.

기타재료 활용하기

계란, 감자, 게맛살, 버섯… 쉽게 구할 수 있는
기본재료들을 가지고 다양하게 활용해보았어요.
비싸고 구하기 어려운 재료는 필요 없다!
기본재료만 있으면 OK!

참치캔 활용하기

참치김치깨소금주먹밥

참치김치깨소금주먹밥

넘쳐나는 찬밥때문에 고민이 이만저만이 아니시죠?
저도 자취할 때 밥을 한 번 만들어놓고 두고두고 먹었는데,
여름에는 밥이 일찍 쉬어서 찬밥 처리가 꽤나 문제였답니다.
그럴 때 간단하고 맛있게 찬밥을 해치울 수 있는 단골 메뉴, 참치김치깨소금주먹밥!
자, 지금부터 만들어볼게요~

주재료 밥(1공기), 참치캔(반캔), 다진 김치(5~6큰),
　　　　다진 당근(1큰), 다진 파(1큰), 깨소금(1큰),
　　　　참기름(반큰), 간장(1큰)

요 리 총 각 의 한 마 디

주먹밥 모양 잘 잡는 법

야채는 되도록 잘게!
야채는 밥알 크기 정도로 잘게 다지세요. 야채를
너무 크게 다지면 주먹밥 뭉칠 때 잘 흐트러진
답니다.

팬에 기름을 조금만!
기름을 많이 넣으면 주먹밥이 잘 뭉쳐지지 않아
요. 팬에 기름을 조그만 두르고 볶으세요.

랩 활용하기!
랩으로 싸서 주먹밥을 만들면 밥알이 손에 달라
붙지 않고 모양도 예쁘게 만들 수 있어요. 뜨거
운 김이 살짝 식은 후에, 랩에 밥(2큰)을 넣고 꼭
꼭 조여가며 둥근 모양을 잡은 다음 랩을 풉니
다. 반드시 꼭꼭 조여가며 모양을 만들어야 해
요. 그렇지 않으면 랩을 풀었을 때 주먹밥이 잘
부스러지거든요.

알록달록 이쁜 주먹밥 만들기

집에 있는 온갖 야채며 김치 넣어서 볶음밥을 만
든 후에, 뜨거운 김을 식힌 다음 밥을 랩에 넣어
서 모양을 잡아주세요.
거기에 계란을 삶아서 노른자만 따로 가루처럼
갈아 그 위에 주먹밥을 굴려주세요. 노른자맛이
살짝 밴 노란 주먹밥 탄생!
흰자는 아주 잘게 다져놓고, 그 위에 주먹밥을
굴리면 하얀 주먹밥 탄생!
김이 있으면 김을 얇게 잘라서 주먹밥 중간에
두르면 까만 허리띠한 김주먹밥 탄생!

만드는 법

1 찬밥(1공기)에 참치캔에 있는 기름을 살짝 두르고,
　다진 김치(5~6큰), 다진 당근(1큰), 참치(반캔)를 넣
　고,

2 여기에 다진 파(1큰), 깨소금(1큰), 참기름(반큰), 간
　장(1큰)을 넣어서,

**요리총각의
비법 전수**
김가루를 뿌려도 좋고요,
가다랭이포를 살짝 얹어 먹어도
기가 막힌답니다. ^^

3 잘 비벼줍니다. ^^

4 랩을 이용해서 주먹밥 모양을 잘 잡아주면, 완성!

참치계란찜

참치계란찜

하나를 먹어도 좀 든든한 걸 만들어 먹을 순 없을까, 저는 그게 늘 고민이거든요.
계란찜도 그냥 심심한 계란찜 말고요, 그거 하나만 반찬으로 먹어도
뱃속 든든한 계란찜을 찾다가 만든 게 바로 참치계란찜이에요.
재료도 정말 간단하고 조리 과정도 정말 쉬워요.
맛 좋고 간편한 참치계란찜, 지금부터 요리 시작!

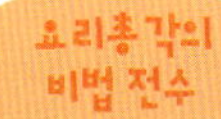

재료(2인분)

주재료 참치캔(반캔), 계란(2개), 당근(1/4개),
　　　　대파(반뿌리), 소금(2작), 새우젓(1작), 물(3큰)

옵션 나물, 새우, 붉은고추, 풋고추, 파슬리 등

만드는 법

1 당근(1/4개)은 채를 썰고, 파(반뿌리)는 송송 썰어
　둡니다.

2 찜이 가능한 용기에 계란(2개)을 깨어넣고 소금(2
　작)을 뿌려

3 잘 저어주세요. 거기에 참치(반캔)와 물(3큰)을 넣고,

4 당근과 파를 올려,

5 찜기에 넣고 중불에서 8~10분간 쪄주면,

6 보기에도 좋고 먹으면 든든한 참치계란찜, 완성!

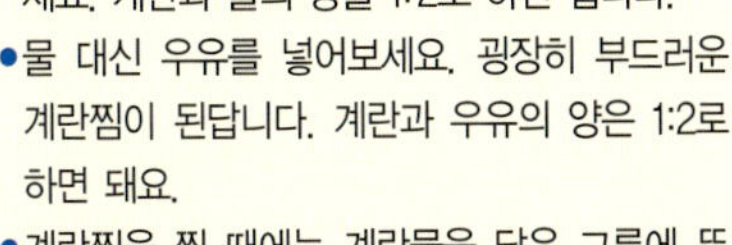

**부드러운 계란찜을 위한
몇 가지 비법**

● 계란물을 체에 한번 밭쳐주세요.

● 계란물에 마요네즈(1작)를 넣어보세요.

● 일식계란찜처럼 좀더 물컹물컹하고 수분이 많
　은 계란찜을 만들고 싶다면, 물의 양을 조절하
　세요. 계란과 물의 양을 1:2로 하면 됩니다.

● 물 대신 우유를 넣어보세요. 굉장히 부드러운
　계란찜이 된답니다. 계란과 우유의 양은 1:2로
　하면 돼요.

● 계란찜을 찔 때에는 계란물을 담은 그릇에 뚜
　껑을 덮어주세요. 계란물에 수증기가 떨어지지
　않아야 매끄러운 계란찜이 됩니다. 마른 면보
　자기나 호일로 그릇을 덮어주세요.

● 사기그릇에 계란찜을 해보세요. 계란찜에 구멍
　이 뽕뽕 뚫리는 걸 막을 수 있습니다.

참치야채비빔밥

반찬도 없고 요리하기도 싫을 때, 고추장에 쓱쓱 비벼먹는 양푼비빔밥만한 게 없죠.
여기에 참치캔 하나만 첨가해보세요.
아삭아삭 영양만점 참치야채비빔밥이 탄생한답니다!
만들어볼까요?

20

재료(1인분)

주재료 따뜻한 밥(1공기), 참치캔(작은 것 반캔),
다양한 야채(깻잎, 적채, 당근, 무순, 오이, 마늘
등등), 초고추장(2큰 반)

초고추장 고추장(2큰), 식초(1큰), 설탕(반큰), 다진
마늘(1작), 다진 파(1작), 물(1큰)

만드는 법

1 야채를 잘 씻어서 비빔밥에 넣기 좋게 채를 썰어
주세요.

2 초고추장을 준비해주세요.
분량의 재료를 잘 섞으면 맛있는 초고추장 완성!

3 따뜻한 밥(1공기)에 야채를 두르고, 참치살을 가운
데 떡하니 올린 다음,

4 여기에 초고추장을 뿌리고 마늘채(1개)를 얹어내
면, 완성!

**요리총각의
비법 전수**

마늘채를 싫어하시는 분들은
안 넣어도 좋아요. 그럴지만
마늘이 참치 비린내를 없애주니
넣어드시길 강추!

요 리 총 각 의 밥 상

다양한 양념장으로 색다른 비빔밥 만들기

강된장

집에 있는 온갖 야채와 나물 넣고, 구수한 강된장에
밥을 쓱쓱 비벼 먹는 그 맛!

재료 된장(2큰), 고추장(1큰), 멸치국물(2컵), 마른 새
우(1/3컵), 풋고추(2개), 애호박(1/3개), 양파(1/4개), 마
늘(3개), 생강(1/3개)
만들기 1. 뚝배기에 멸치국물을 넣고 된장(2큰)과
고추장(1큰)을 풀어 끓이다가 2. 적당히 끓으면 새
우와 잘게 썬 애호박, 양파, 마늘, 생강을 넣고 한
번 더 끓입니다. 3. 국물이 거의 졸아들면 다진 풋
고추를 넣고 바짝 졸아들 때까지 한번 더 끓이면,
완성!

김치멸치볶음장

매콤하면서도 씹히는 맛이 있는 김치멸치볶음장!

재료 김치 자른 것(2컵, 김치는 속을 조금 털고 물기를
짜주세요), 멸치(중간크기 30g, 멸치머리는 떼어놓고 멸
치똥도 빼두세요), 고추장(3큰), 참기름(2큰), 설탕(1큰),
물(1~2큰), 다진 마늘(1작), 깨소금(약간)
만들기 1. 팬에 참기름(2큰)을 두르고 달궈지면, 손
질한 멸치를 넣어 볶아주세요. 2. 1에 고추장(3큰),
설탕(1큰), 다진 마늘(1작), 물(1~2큰)을 넣어 자작자
작하게 볶다가, 김치를 넣고 물기가 없어지도록 살
짝 더 볶아주세요. 3. 깨소금 넣고 섞으면, 완성!

볶음김치비빔밥

김치만 따로 볶아서 밥이랑 비벼 먹으면 김치볶음
밥보다 훨씬 간편하면서도 촉촉한 맛이 나요!

재료 김치 다진 것(2컵), 참기름(2큰), 고춧가루(1큰),
다진 마늘(1작), 통깨(1작), 소금(약간)
만들기 1. 팬에 참기름(2큰)을 넣고 달궈지면, 다진
마늘(1작)과 다진 김치(2컵)를 넣고 물기가 없어질
때까지 볶다가, 2. 여기에 고춧가루(1큰)랑 깨소금을
넣고 살짝 더 볶다가 소금으로 간을 해서, 밥과 함
께 내면, 완성!

참치고추잡채

참 치 고 추 잡 채

종국요리 중에서 저는 고추잡채를 유난히 좋아해요.
그다지 기름지지 않으면서 밥하고도 잘 어울리거든요.
야채와 고기를 굴소스에 재빨리 볶아서 만드는 고추잡채에, 참치를 한번 넣어봤어요.
기름지지 않고 더욱 담백한, 참치고추잡채를 소개합니다.^^

재료(2인분)

주재료 참치캔(1개), 부추(50g), 풋고추(3개),
　　　　붉은고추(2개), 표고버섯(5개),
　　　　새송이버섯(1개), 목이버섯(약간), 간장(반큰),
　　　　굴소스(반큰), 설탕(1작), 청주(반큰),
　　　　후추(약간), 참기름(1작), 고춧가루(1큰),
　　　　식용유(3큰), 깨소금(반큰)

만드는 법

1 고추는 머리와 꼬리를 살짝 잘라서 반으로 갈라
　속의 씨를 제거하고, 채를 설듯이 썰어주세요.

2 부추는 손가락 길이 정도로 잘라서 준비하고, 새
　송이는 채로, 표고는 불려서 물기를 짜낸 뒤 편
　으로, 목이버섯은 미지근한 물에 불려서 먹기 좋
　은 크기로 잘라주세요.

3 웍이 있으면 좋지만 없다면 그냥 팬을 달군 후
　에, 기름 뺀 참치를 센불에 달달 볶아주세요.

4 고추기름을 만들어 쓰면 좋지만, 귀찮으시죠? 그
　럴 땐 고춧가루(1큰)에 식용유(3~4큰)를 넣고 30
　초 정도 볶아주시면 돼요.

5 대충 이런 녀석이 탄생하게 됩니다. 고추기름을
　만들어서 사용할 경우 고추기름 2~3큰 정도면
　돼요.

6 5에 고추와 표고버섯, 새송이버섯을 넣어 살짝
　볶다가,

7 거기에 간장(반큰), 굴소스(반큰), 설탕(1작), 청주(반
　큰), 후추(약간)를 넣은 다음,

8 부추와 3의 볶아놓은 참치를 넣고 1분간 센불에
　재빨리 볶아내면, 완성!

새송이버섯은 양송이버섯이 가지지 못한 우리나
라 자연송이의 맛을 최대한 살려준 신개념 양식
송이랍니다. 가을에 시간 나면 제가 직접 자연송
이를 채취하러 다니기 때문에 누구보다 그 맛을
잘 알고 있거든요.(저, 별걸 다 하죠?^^) 새송이버
섯은 자연송이의 맛과 특성을 그나마 잘 살려준
것 같아요. 새송이버섯은 마트에서 판매하고 있
답니다.

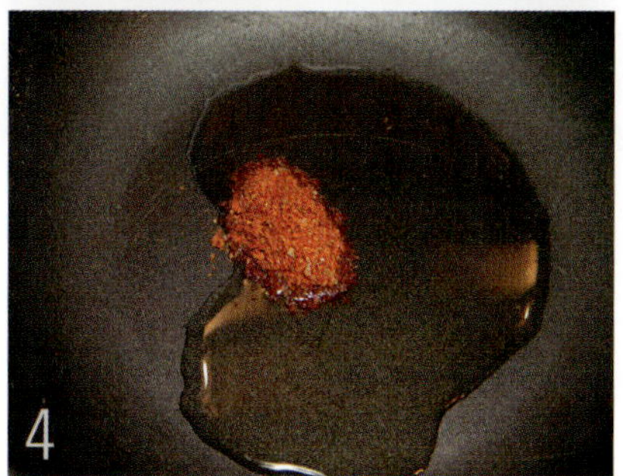

참치스테이크

참치스테이크

육류 스테이크가 부담스러울 때 참치캔을 활용하세요.
저지방 고단백에, 담백하고 맛있는 참치스테이크로 오늘 저녁 분위기 좀 내볼까요?

재료(1인분)

주재료 참치캔(작은 것 1캔), 다진 양파(1큰), 소금(1작),
후추(반작), 다진 마늘(1쪽), 브로콜리(2쪽),
당근(약간), 계란(1개), 빵가루(반컵)

만드는 법

1 참치(1캔)는 체에 밭쳐 먼저
기름을 제거하고,

2 그 상태에서 잘 으깨주세요.

3 볼에 참치를 담고 양파(1큰), 계란(반개), 빵가루(반
컵)를 넣은 다음, 소금(1작), 후추(반작)로 간을 해
서

4 잘 치댄 다음,

5 스테이크 모양으로 만들어주세요.

6 5에 계란물을 입히고 빵가루로 한번 옷을 입힌
뒤 식용유에 구워주세요.

7 팬에 버터를 두르고 당근(약간), 다진 마늘(1개),
브로콜리(2쪽)를 넣어 마늘이 약간 갈색이 날 때
까지 볶아주세요. 소금(반작)과 후추(반작)간은 기
본!

8 예쁘고 평평한 그릇에 참치스테이크와 야채를 담
아내고 케첩을 곁들이면, 완성!

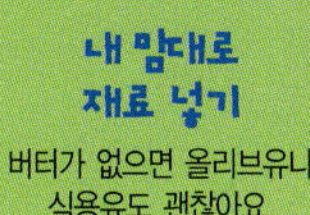

스위트콘참치전

재료(2인분)

주재료 참치캔(1캔), 옥수수통조림(반캔), 계란(1개),
다진 양파(반개), 다진 파슬리(1큰),
전분(반컵), 맛술(2작), 소금(1작), 후추(약간)

만드는 법

1 참치(1캔)와 옥수수통조림(반캔)을 체에 밭쳐서 물
기와 기름을 제거한 다음, 참치, 옥수수통조림,
다진 양파(반개), 파슬리(1큰), 전분(반컵), 맛술(2작),
소금(1작)을 볼에 담고,

2 여기에 계란(1개)을 풀어서 주걱이나 플라스틱 반
국자로 잘 으깨줍니다.

3 기름을 두르고 잘 달군 팬에 딱 한 숟가락만 떠
서 모양을 잡아주세요. 너무 많이 뜨면 뒤집기가
쉽지 않아요.

4 노릇하게 부쳐내면, 완성! 쌉쌀한 무순으로 장식
해도 좋고, 케첩을 곁들여도 좋겠죠?^^

두부
활용하기

두부두루치기

두부는 정말 활용도가 높은 재료예요. 간단한 야채와 두부를 이용해서 만드는 두부두루치기!
찌개라고 부르기엔 국물이 좀 적고, 조림이라고 하기엔 좀 섭섭하고!
밥 한공기에 썩썩 비벼 먹는 그 맛이란!
두부두루치기의 구수하고 깊은 맛을 느껴보세요~

주재료 두부(1/4모), 애호박(3cm), 양파(1/4개),
        붉은고추(반개), 대파(1/4뿌리), 멸치국물(반컵)

찌개양념장 고추장(반큰), 물(반큰), 고춧가루(1큰),
          간장(1큰), 다진 마늘(반큰), 다진 파(반큰),
          참기름(1작), 깨소금(1작)

만드는 법

1 재료를 썰어보자고요. 두부(1/4모)는 깍두기 모양
  으로, 애호박은 반달 모양으로, 양파(1/4개)는 손
  가락 굵기만 하게, 붉은고추(반개)와 대파는 어슷
  하게 썰어놓으면 됩니다.

2 멸치국물 낼 때는, 보통 물 1컵에 국멸치 5~7마
  리입니다. 간장간을 맞출 때는 2큰 정도가 짜지
  않고 적당한데, 입맛에 따라 적당히 가감하세요.

3 찌개양념장을 잘 섞어서 준비해두세요.

4 납작한 냄비에 양파를 깔고 두부를 올리고,

5 그 위에 찌개양념장과 호박, 붉은고추, 대파를 올
  려주세요.

6 간을 맞춘 멸치국물(반컵)을 부어 바글바글 끓여
  내면, 완성!

**두루치기는 경상도 지방의
향토 음식**

경남지방의 두루치기와 경북지방의 두루치기는
조리방법이 약간씩 다릅니다.
경남지방의 두루치기는 조리방법이 전골과 비슷
해요. 온갖 재료를 채썰어 따로따로 볶아서 모은
다음, 양념장을 만들어 간을 맞추고, 물을 부어
고기국물이 다른 재료에 밸 정도로 끓이죠. 여기
에 쑥갓이나 계란물을 끼얹어도 되고 실고추나
은행 등 다양한 고명을 얹어내도 됩니다.
반면 경북지방 두루치기는 주로 돼지고기와 김
치를 이용합니다. 돼지고기를 잘게 썰어서 볶다
가 김치를 넣고, 여기에 김치국물을 자작하게 부
어 끓입니다. 이게 거의 익어가면 다진 마늘과
다진 파를 넣고 설탕을 약간 뿌려주죠. 김치볶음
과 거의 비슷하죠?
전 경북지방과 경남지방의 방법을 짬뽕해봤어
요. 요리총각의 두부두루치기는 고기가 들어가
지 않아 느끼하지 않고 깔끔하답니다.^^

두부사과크레프트

두부는 밥반찬으로밖에 활용할 수 없다는 편견을 버려주세요. 그건 두부를 두번 죽이는 일이라고요!
두부의 고소함과 사과의 상큼함이 입안에서 부드럽게 퍼지는 두부사과크레프트!
맛도 좋고 보기도 예쁘고, 한껏 실력을 뽐낼 수 있는 두부요리랍니다!

두부사과크레프트

주재료 밀가루(5큰), 두부(반모), 사과(1개), 계란(1개),
우유(반컵), 버터(1큰), 레몬(1쪽), 설탕(1큰)

만드는 법

1 체에 쳐서 내린 밀가루에 우유를 부어서 잘 저어
주세요. 그리고 약 30분간 둡니다.

2 계란(1개)과 두부(반모)를 으깨주세요. 으깬 두부는
면보에 싸서 물기를 제거해주시고요. 식칼의 등
으로 으깨면 편리합니다.

3 사과(1개)도 잘 다져놓습니다.

4 팬에 기름을 두르세요. 뜨겁게 달궈지면 두부를
넣고 1분 정도 살짝 볶아줍니다.

5 물(50cc)에, 다진 사과와 레몬(1쪽), 설탕(1큰)을 넣
고 10~15분간 푹 끓여준 다음,

6 면보에 싸서 물기를 쪽 짜주세요.

7 1의 반죽으로 크레이프를 부치다가 가운데에 4
와 6을 섞어서 올려주세요.

8 양 날개를 먼저 접고 양 끝쪽을 나중에 접어서
노릇하게 구워내면, 완성!

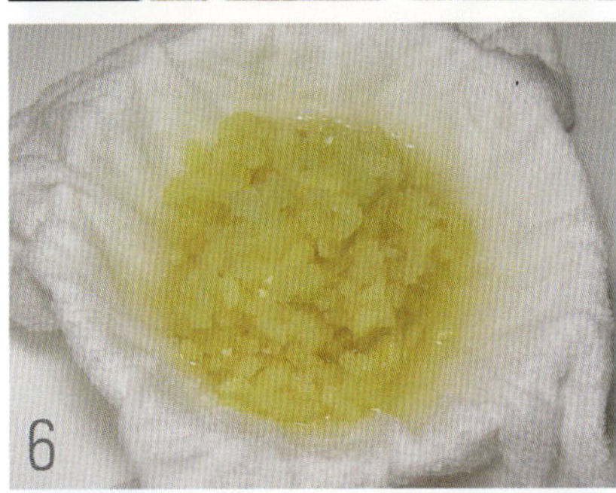

● 요 리 총 각 의 한 마 디

잘 익은 사과 고르려면

꼭지 반대부위인 사과 밑부분의 색을 확인하세
요. 밑부분이 초록빛이 없이 붉은빛이 도는 것을
먼저 고르고, 그 다음 표면의 색깔이 고르고 밝
은 느낌을 주는 사과를 고르면 됩니다.

사과를 보관할 땐

사과를 냉장고에 보관할 때 다른 과일이나 야채
랑 함께 두면 안 돼요. 사과에서 나오는 '에틸
렌' 이라는 호르몬 때문에 사과는 싱싱한데 다른
과일이나 야채는 일찍 시들게 됩니다.

두부피자

두
부
피
자

오 밤중에… 갑자기 피자가 먹고 싶어졌답니다.
집에 웬만한 재료는 다 있는데, 허걱! 밀가루가 없더군요. 그때 내 눈에 들어온 두부 한모!
자, 두부피자를 만들어볼까요?
피자가 두부를 만나 고소하고 담백하게 변신했어요~^^

재료(1조각 분량)

주재료 두부(1장), 다진 양파(2큰), 양송이버섯(1개),
다진 피자치즈(2큰), 케첩(2큰), 다진
피망(2큰), 파슬리(약간), 소금, 후추

만드는 법

1 다진 양파(2큰)는 소금물에 3~4분 정도 잠시 담
가두었다가

2 물기를 꼭 짜서 식용유를 두른 팬에 볶아주세요.

3 여기에 케첩을 넣고 한번 더 볶아주면,

4 소스 완성!

5 두부는 두께 1cm 정도로 잘라서 노릇하게 지져
내고,

6 먹기 좋게 썬 양송이(1개)와 다진 피망(2큰)은 소
금(1/3작), 후추(약간)로 약간 싱겁다 싶게 간을 해
서 볶아줍니다.

7 자! 이젠 5의 두부에 4의 소스를 바르고 양송이
와 피망을 적당히 올린 후에

8 다진 피자치즈(2큰)를 올리고 다진 파슬리를 뿌려
줍니다. 그리고 오븐에서 피자치즈가 노란색을
띨 때까지 구워주면, 완성!

**요리총각의
비법 전수**

전자레인지에서는 약 3분 정도
돌려주면 됩니다. 전자레인지의 출력이
브랜드마다 조금씩 다르기 때문에,
직접 보면서 피자치즈가 골고루 녹아
끓어오르면 10초 정도 후에 꺼내는 게
제일 확실한 방법이랍니다. ^^

튀긴탕수두부

튀긴탕수두부

요즘 돼지고기 값도 만만치 않더라고요.
중국집에서 배달시켜 먹는 탕수육은 최소 만이천원 -_-;;;
새콤달콤한 탕수소스에 퐁당 찍어 먹는 탕수육이 땅기긴 한데… 재, 재료가…
앗! 두부가 있다!

주재료 두부(반모), 표고버섯(2개), 양송이버섯(2개),
       목이버섯(약간), 파인애플통조림(1개),
       양파(1/4개), 전분(3큰), 물(2큰 반),
       콩기름(4컵), 소금(반작)

탕수소스 물(1/3컵), 파인애플통조림 국물(5큰),
        식초(4큰), 설탕(4큰), 녹말물(물 2 : 녹말 1의
        비율로 섞어서 2큰), 간장 (반큰), 소금(반작)

만드는 법

1 탕수소스를 만들어요. 냄비에 물(1/3컵), 파인애플
  통조림 국물(5큰), 식초(반큰), 설탕(반큰), 간장(반
  큰), 통조림 파인애플(1개)를 넣어 5분 정도 끓이
  다가,

2 끓기 시작하면 표고버섯(2개), 양송이(2개), 물에
  불린 목이버섯(약간)을 적당히 잘라 넣고 1분 정
  도 계속 끓이다가 소금(반작)과 녹말물(2큰)을 넣
  고 걸죽해질 때까지 끓여주세요.

3 전분(3큰)에 물(2큰 반), 소금(반작)을 넣고 잘 저어
  튀김옷을 만듭니다. 먹기 좋게 썬 두부(반모)에 튀
  김옷을 입히고,

4 콩기름에 튀겨서 접시에 담고 소스를 끼얹으면,
  완성! 콩기름은 넉넉히 준비해서 두부가 잘 튀겨
  지게 하는 것이 중요합니다. 콩기름의 온도는, 녹
  말물을 살짝 떨어뜨렸을 때 그 덩어리가 바닥을
  치고 바로 위로 떠오른다면 그때가 가장 좋은 온
  도랍니다.

탕수소스 활용하기

오징어탕수
오징어는 껍질을 벗기고 안쪽에 어슷하게 칼집
을 넣어 먹기 좋은 크기로 썰어서 튀김옷을 입
혀 노릇하게 튀겨낸 다음, 탕수소스를 끼얹으면
완성!

흰살생선탕수
생선살을 발라내서 잘 으깬 다음, 달걀물에 1번,
밀가루에 1번 묻혀서 튀긴 뒤, 탕수소스를 끼얹
으면 완성!

튀긴탕수라면
라면을 젖은 헝겊으로 덮어두었다가 4등분해서
기름에 튀겨낸 뒤, 그릇에 담고 그 위에 탕수소
스를 올리면 완성!

두부카레조림

두부카레조림

혼자 자취하면서, 카레만 먹다 질린 적이 있거든요.
그래서 카레로 뭔가 새로운 걸 만들어 먹을 순 없을까 궁리하다 찾아낸 요리가
바로 두부카레조림이랍니다.
혼자 살면 누구나 이런 생활에 익숙해지죠. 한 요리만 열심히 공략하다가 급기야 도저히
더는 먹을 수 없는 상태가 되어 새로운 연구와 도전에 나서게 되는…
여러분도 혹시? ^^

주재료 두부(반모), 비엔나 소시지(5~6개),
　　　　브로콜리(5쪽), 카레가루(3큰), 물(1컵),
　　　　마늘(1쪽), 식용유(2큰), 소금(1작), 후추(1/3작)

만드는 법

1 카레가루를 준비합니다. 매운맛, 순한맛, 중간맛
　이 있으니, 입맛에 맞는 녀석으로 준비해주세요.

2 물에 카레가루(3큰)와 소금(1작)을 타서 준비해둡
　니다.

3 비엔나 소시지(5~6개)에 칼집을 낸 뒤 끓는 물에
　살짝 데치고,

4 브로콜리(5쪽)는 소금을 약간 넣은 물에 살짝 데
　쳐주세요.

5 식용유(2큰)를 두른 팬이 달궈지면 깍둑 썬 두부
　(반모)를 넣어 지져주다가,

6 편으로 썬 마늘(1쪽)을 넣고 볶아서 향을 낸 후에,

7 여기에 데친 비엔나 소시지와 브로콜리를 넣고,

8 2의 카레가루 푼 물을 부어주세요. 물이 끓기 시
　작하면 그 뒤 5분 정도 더 졸여줍니다. 간이 모
　자라면 소금을 조금만 더 넣어주고, 마지막에 후
　추(1/3작)를 뿌리면, 완성!

요 리 총 각 의 한 마 디

부드러운 카레 만드는 법

카레와 우유는 서로 찰떡궁합이라는 거 아세요?
카레가루를 갤 때 물 대신 우유를 사용해보세요.
그러면 더 부드럽고 맛난 카레를 맛볼 수 있어요.
식은 카레를 데울 때도 우유를 조금 부어서 다
시 데워보세요. 새로 한 것처럼 부드럽고 맛있답
니다.

두부샐러드

재료(1인분)

주재료 두부(반모), 무순(반줌), 양파(1/4개)
초장소스 고추장(2큰), 식초(1큰), 레몬즙(1큰),
　　　　　꿀(1큰), 다진 마늘(1작)

두부는 담백질 함량이 우유의 세배 가까이 되는 양질의 단백질 식품이면서도
저열량, 저지방 식품이죠. 서양에서는 두부를 '살이 찌지 않는 치즈'라고 부르며
최고의 다이어트 식품으로 꼽는대요. 영양 만점에 담백한 맛, 게다가 저렴하기까지!
매력 만점 재료 두부로 상큼한 샐러드를 한번 만들어볼까요?
입맛 없을 때 간단히 만들어서 먹어도 좋고, 특별한 식사 전에 에피타이저로 내도 정말 좋아요!

만드는 법

1 두부(반모)는 네모 반듯하게 썰어두세요. 가로 세
　로 각각 1.5cm쯤으로, 큼직한 주사위 크기 정도
　면 적당해요.

2 분량의 재료를 넣고 잘 섞어서 초장소스를 만듭
　니다.

3 차가운 얼음물에 무순(반줌)과 채썬 양파(1/4개)를
　넣어서 잠시 두면, 무순은 싱싱해지고 양파는 매
　운 맛이 없어진답니다.

4 자! 두부를 그릇에 담아내고 그 위에 무순과 양
　파를 올리고 초장소스를 끼얹어주면, 완성!

찬밥 활용하기

찬밥김치전

찬
밥
김
치
전

지금 비가 오나요? 집에 계시나요? 이런 날엔 전이라도 한장 부쳐 먹고 싶으시죠?
든든하고도 맛있는 찬밥김치전을 소개합니다. 찬밥과 김치만 준비해주세요.
나머지는 그냥 따라하시기만 하면 된답니다! ^^

주재료　찬밥(1공기), 계란(2개), 밀가루(2큰), 어슷썬
　　　　파(1큰), 다진 당근(2큰), 김치(1공기),
　　　　풋고추(1개), 소금(1작)

간장소스　간장(2큰), 설탕(1큰), 식초(1작), 물(1큰),
　　　　큰직하게 썬 양파(2큰)

만드는 법

1 파(1큰)와 고추(1개)는 어슷썰고, 당근(2큰)은 다져
둡니다. 김치(1공기)는 종종 썰어두세요.

2 큰 볼에 찬밥(1공기)과 1의 재료를 넣고 소금(1작)
과 계란(2개), 밀가루(2큰)를 섞어줍니다.

요 리 총 각 의 한 마 디

찬밥 고슬고슬하게 만드는 요령

●찬밥이 덩어리져 있다면 분무기에 물을 넣어
찬밥 표면에 물기를 살살 뿌린 뒤 랩을 씌어 전
자레인지에 살짝 돌려주세요. 그러면 보슬보슬
한 상태가 된답니다.
●찬밥이 많이 남았을 때는 찜통에 밥과 소금(1
큰)을 넣고 푹 찌세요. 방금 지은 밥처럼 고슬고
슬하고 기름기가 돈답니다.
●남은 밥을 밥그릇에 담고, 전기밥통에 물을 약
간 부은 뒤 밥그릇을 넣고 보온 상태로 보관하
세요. 묵은 냄새도 안 나고 따뜻한 밥으로 보관
할 수 있습니다.

요리총각의
비법 전수

밥으로 전을 부치다 보면
뒤집기가 쉽지 않아요,
그럴 땐 밀가루의 양을 늘리든가
계란의 양을 늘리면
된답니다.

3 반죽은 조금 되직하게 하기 위해서, 물을 아예
넣지 않거나 조금(3큰)만 넣어주세요.

4 팬에 기름을 살짝 두르고 열이 오르면 중불에서
전을 부치듯 부쳐주면, 완성!

찬밥김치죽

찬밥김치죽

간편하면서도 부드럽게 먹을 수 있는 걸 찾으세요? 그런데 집에 있는 거라곤 김치밖에 없다고요?
걱정 마세요. 부드러우면서도 든든한 찬밥김치죽이 있답니다.
밤에 만들어서 냉장고에 넣어두고, 아침에 전자레인지에 돌려서 먹으면 간편하고 좋아요.

주재료 찬밥(1공기), 김치(반공기), 물(3컵), 소금(또는
         간장 약간)

만드는 법

1 김치의 양은 취향에 맞게 조절해서 종종 썰어두
   세요.

2 물(1컵)에 찬밥(1공기)을 풀어, 끓기 전까진 센불에,
   끓은 후엔 중불에 끓이다가 물(2컵)을 더 넣어 계
   속 끓여주세요. 이래야 밥이 푹 퍼진답니다.

3 마지막에 소금간이나 또는 간장간을 밍숭하게 하
   고 김치를 넣어서 한번 더 끓여내면, 완성!

4 김을 부셔서 올려도 되고요, 야채를 올리면 더
   좋아요.

김치통에 밴 김치 냄새 없애는 법

김치통에 밴 김치 냄새, 정말 괴롭죠!
김치 냄새 없애는 간단한 방법 몇 가지 알려드릴
게요.

● 김치통에 뜨거운 물을 담고 식초를 떨어뜨려보
세요.
● 과일 껍질이나 마시고 남은 녹차 티백을 김치
통에 넣고 물을 부어두세요.
● 햇볕에 김치통을 바짝 말린 뒤 김치통 안에 각
설탕 4, 5개를 넣어두세요.
(평소에 카페나 커피숍에 갔을 때, 각설탕 몇 개 챙겨놓
으면 종종 유용하게 쓸 수 있답니다.^^)

찬밥도리아

찬밥도리아

뭔가 근사하고 느끼한 게 먹고 싶은 날.
그런데 집에 있는 재료라곤 늘 그렇듯 찬밥과 야채뿐.
그럼 당장 슈퍼에 가서 피자치즈를 한통 사오세요.
오늘 저녁은 도리아다!

주재료 찬밥(1공기), 피자치즈(1컵), 우유(반컵),
　　　　다진 양파(2큰), 다진 당근(1큰), 케첩,
　　　　소금(반큰), 실파(또는 파슬리 약간)

만드는 법

1 우유(반컵)에 소금(반큰)을 넣어 잘 젓습니다. 그
　다음, 찬밥에 넣고 잘 섞어주세요.

2 여기에 다져놓은 양파(2큰)와 당근(1큰)을 넣고 잘
　섞어서,

3 내열용기에 담고, 파슬리 가루나 송송 썬 실파를
　위에 얹은 뒤,

4 케첩을 뿌린 후,

5 피자치즈(1컵)를 골고루 얹어주세요. 피자치즈는
　갈아놓은 것보다 덩어리로 파는 걸 사는 게 훨씬
　경제적이고 좋아요.

6 오븐이나 전자레인지에 넣고 치즈가 골고루 녹아
　살짝 끓어오를 때까지 익혀주면, 완성!

요리총각의 한마디

전자레인지엔 이런 그릇을!

전자레인지엔 이런 그릇들은 쓰지 마세요
- 금속성 그릇(쇠, 놋쇠, 스테인리스―일명 스뎅―로 된
　그릇들)
- 금속선으로 장식이 되어 있는 그릇
- 일반 플라스틱 용기
- 쿠킹호일로 그릇을 덮거나 감싸는 것

이런 그릇들은 괜찮아요
- 사기그릇
- 내열유리그릇
- 내열플라스틱 용기(요즘 많이 쓰는 락앤락 종류가
　여기에 해당돼요. 내열플라스틱 용기를 사용할 땐 반
　드시 두 가지를 주의해야 해요. 전자레인지에 돌릴 때
　는 뚜껑을 열고 돌려야 해요. 그리고 튀김이나 통닭
　같은, 기름기 많은 음식을 넣고 돌리면 안 돼요. 기름
　은 끓는점이 높기 때문에 위험합니다.)

**요리총각의
비법 전수**
전자레인지에서
대략 2분이면 돼요.

찬밥파인애플샐러드

재료(1인분)

주재료 찬밥(1공기), 파인애플통조림(작은 것 1통),
사과(1/4개), 방울토마토(1개), 파프리카(약간),
소금(반작)

샐러드는 야채와 과일로만 만들라는 법 있나요?
찬밥은 꼬들꼬들해지면 쫀득쫀득한 느낌이 강해져서
야채와 과일을 함께 넣고 먹으면 아주 독특한 샐러드가 된답니다~
오늘 나는 밥으로 샐러드 만든다!^^

만드는 법

1 사과(1/4개), 방울토마토(1개), 파프리카(약간)를 적
당한 크기로 썰어 준비하세요.

2 찬밥을 파인애플통조림 국물에 잘 섞고, 소금(반
작)으로 간을 맞춥니다. 소금 간은 좀 심심하게
하는 게 좋아요. 거기에 파인애플을 넣고 잘 섞
어주세요.

3 2를 예쁜 그릇에 옮겨 담고,

4 사과와 방울토마토, 파프리카를 고명으로 올리
면, 완성!

도토리묵냉국밥

재료(1인분)

주재료　찬밥(1공기), 도토리묵(1/4모), 참기름(1큰),
　　　　고춧가루(반큰), 다진 마늘(1작), 설탕(반작),
　　　　무채(반손), 실파(1큰), 멸치(5마리),
　　　　다시마(1쪽), 물(1컵 반), 국간장(2큰), 소금

도토리묵 양념장　참기름(1큰), 고춧가루(반큰), 다진
　　　　마늘(1작), 소금(약간), 설탕(반작),
　　　　물(1큰)

여름엔 냉국밥만큼 입맛 당기는 것도 없죠.
매콤달콤한 양념장에 잘 묻힌 도토리묵을 시원한 냉국 위에 올렸어요.
시원하게 알싸하게 담백하게!
도토리묵냉국밥으로 잃어버린 여름 입맛을 회복해보자고요!

만드는 법

1　도토리묵은 두께 1cm, 넓이 2cm로 썰어주세요.

2　분량의 재료를 잘 섞어서 도토리묵 양념장을 만
　들어서, 이 양념장을 도토리묵에 얹어서 잘 무쳐
　주세요.

3　무채는 적당히 썰어서 소금(반큰)에 잘 버무린 후,
　5분 뒤에 물기를 빼고 식초(반큰), 설탕(1큰), 물(1
　큰)을 섞어 새콤달콤하게 절여둡니다.

4　국물은 국멸치(5마리)와 다시마(1쪽)에 물(1컵 반)을
　부어 팔팔 끓여주세요. 색깔이 은근히 우러나면
　간장(2큰)을 넣고 소금으로 아주 밍숭하게 간을
　해서,

5　차갑게 식힌 다음, 거기에 밥을 말아주세요. 그리
　고 도토리묵 무침과 무채를 얹고 파를 송송 뿌리
　면, 완성!

얼음녹차밥

재료(1인분)

주재료 녹차(티백 1개), 밥(1공기), 얼음, 김치

만드는 법

1 녹차는 편하게 티백으로 준비하세요.

2 녹차 티백에 뜨거운 물을 조금만 붓고 녹차를 우
   려낸 후 거기에 냉수를 부어서 시원한 녹차를 만
   듭니다. 다른 재료를 준비하는 동안 녹차물은 냉
   장고에 넣어두세요.

3 찬밥에 냉수를 부어 한번 잘 씻어줍니다. 아주
   시원하게 먹고 싶다면 두번 씻어도 무방!

4 씻은 밥을 그릇에 담고, 차갑게 해둔 녹차를 붓
   고 얼음을 동동 띄우면, 완성!

48

기타재료 활용하기

간장계란밥

간
장
계
란
밥

어렸을 때, 엄마가 해주던 간장계란밥. 아버지가 식사를 하시고 늦게 들어오시는 날이면
엄마는 간장계란밥을 해주셨어요. 지금 생각해보니, 제대로 밥상 차리기 귀찮아지신 엄마가
간단하게 한끼를 때우기 위한 방편이었다는…—_—;
오늘은 옛날 생각에 잠겨 간장계란밥을 한번 만들어봤어요~^^

주재료 밥(1공기), 계란(1개), 간장(1큰 반), 설탕(1작),
버터(1큰), 깨소금(반큰), 어슷썬 파(약간)

요 리 총 각 의 한 마 디

좋은 계란 고르는 법

- 껍질이 까칠까칠하고 전체 결이 고우며 더럽지
  않은 계란이 신선한 거랍니다.
- 계란을 깨뜨렸을 때 껍데기와 잘 분리되는 것
  이 신선한 것이며, 노른자가 퍼지지 않고 도톰
  하게 올라오고 탄력이 있으며, 흰자의 두께가
  두껍고 투명하며 점도가 좋은 것이 신선한 것
  입니다.

계란의 올바른 보관법

- 계란은 항상 냉장고에 보관하도록 하세요. 3주
  이상은 신선도를 유지할 수 있어요.
- 신선도를 유지하기 위해서는 계속 호흡할 수
  있도록 계란의 뾰족한 부분이 밑으로 향하게
  보관하세요.
- 계란은 껍질에 난 작은 구멍으로 호흡을 하기
  때문에 냄새가 강한 음식과 함께 두지 말아야
  합니다.
- 계란은 충격을 받으면 노른자가 풀어지고 신선
  도가 떨어지므로 충격을 가하거나 흔들리지 않
  게 주의해야 합니다. 냉장고 문쪽보다는 안쪽
  에 보관하도록 하세요.
- 계란은 껍질 표면에 얇은 보호막이 있기 때문
  에 되도록이면 물에 씻지 마세요.

만드는 법

1 일단 간장소스를 만드세요. 간장(1큰 반)에 설탕(1
  작)만 넣어주면 되니까, 간단하죠? 잘 저어서 간
  장에 달콤한 설탕이 녹아들게 하세요.

2 따끈한 공기밥에 버터(1큰)를 올리세요. 만약 버
  터 대신 참기름으로 하시겠다면 참기름은 반큰에
  서 1큰 정도가 적당하답니다.

3 계란은 반드시 반숙으로 익혀줘야 한답니다! 소
  금을 살살 뿌려서 맛나게 부쳐주세요.

4 밥 위에 계란부침을 올리고, 간장소스를 뿌린 다
  음, 깨소금을 솔솔 뿌려주고, 어슷썬 파로 마무리
  하면, 완성! 쓱쓱 비벼 먹는 그 맛!

계란덮밥

재료(1인분)

주재료 밥(1공기), 계란(1개), 양파(1/4개),
팽이버섯(약간), 송송 썬 실파(1큰), 맛술(또는
청주 반작), 다시마국물(반컵), 간장(1큰),
설탕(반작), 후추(1/3작)

바쁜 아침, 언제 밥을 챙겨 먹고 있냐고요?
그렇다고 아침을 거를 수는 없는 법!
저녁에 간단하게 재료를 준비해놓았다가 아침에 5분만에 뚝딱!
맛나고 든든하고 간단한 아침식사를 먹어보아요~^^

만드는 법

1 일단 다시마국물을 만듭니다. 물(1컵 가득)에 다시
마(1조각)를 넣고 끓이다가 끓기 시작하면 3분간
만 더 끓여주다가,

2 여기에 간장(1큰), 설탕(반작)을 넣고 잘 섞은 뒤,

3 실파(1큰)와 양파(1/4개), 팽이버섯(약간)을 집어넣
고 끓여주세요.

4 끓기 시작하면 계란을 풀어서 천천히 넣어준 뒤
한소끔 끓여서, 이걸 밥 위에 부으면 완성!

**요리총각의
비법 전수**

이때 국자로 젓지 마세요.
계란이 풀어져서 모양도 안
나고 국물이 탁해지거든요.

52

계란말이

재료

주재료　계란(3개), 우유(4큰), 소금(1작), 설탕(반큰),
　　　　김(1장)

전 계란말이를 무지하게 좋아해요. 식당에 갔는데 반찬으로 계란말이가 나오면,
아무런 말없이 그저 계란말이만 먹고 추가로 시키기를 여러 번!
결국 주인아줌마에게 쿠사리를 듣기까지 하죠.^^;; 식당뿐 인가요?
인사동 주점이나 대학로 민속주점에서 나오는 큼직한 계란말이의 맛이란…^^
쉬운 듯하지만 맛내기가 제법 만만치 않은 계란말이! 한번 도전해볼까요?

만드는 법

1 계란은 칼등으로 톡톡 쳐서 깨 볼에 담아놓고,
여기에 우유(4큰)와 소금(1작), 설탕(반큰)을 넣고
잘 섞어주세요. 다진 당근이나 다진 파를 넣어도
좋아요.

2 뜨겁게 달군 팬에, 기름이 고루 묻을 수 있도록
키친타월에 기름을 묻혀 팬을 잘 닦아준 다음, 1
의 계란물을 부어주세요.

3 김을 올려도 되는데, 이땐 살짝 구워낸 김을 사
용하세요.

4 계란물의 위쪽이 슬슬 익어가려고 할 때, 한쪽
끝을 조심스럽게 말아 올려 적당한 크기로 접어
나가면, 완성!

**요리총각의
비법 전수**

계란말이가 완성되면 조금 식힌
후에 칼로 썰어야 부서지거나
찢어지지 않아요.^^

계란스크램블

계
란
스
크
램
블

혹시 가스레인지 켤 줄 모르는 분, 없죠? ^^
그렇다면 누구나 뚝딱 만들어서 부드럽게 훌훌 먹을 수 있답니다.
딱 10분만 투자하면 누구나 만들 수 있는 계란스크램블! 바쁜 아침 출근시간에,
한밤중에 출출할 때, 입이 심심하고 간단히 뭔가 먹고 싶을 때, 팔방미인 계란스크램블!
자! 냉장고를 열어 계란을 꺼내봅시다!

주재료 계란(2개), 치즈(1장), 햄(3큰), 다진 양파(2큰),
        우유(5큰), 버터(1큰), 소금(1작), 설탕(반작)

요 리 총 각 의 한 마 디

계란스크램블 만들 때 이걸 주의 하세요

- 먼저 팬을 깨끗이 닦고 요리를 하세요.
- 그 다음에 식용유를 넉넉히 붓고 중불에서 팬을 돌려가며 바닥과 옆면, 팬 전체에 식용유가 골고루 닿도록 해주세요.
- 젓가락으로 계란물을 살짝 떠서 팬에 넣어봤을 때 바로 응고된다면 그때가 계란물을 붓기에 가장 알맞은 온도예요. 팬에 계란물을 부었을 때 바로 계란이 익으면 그때가 바로 딱입니다!

계란스크램블로 햄버거를 만들어 봐요

계란스크램블버거

재료 모닝롤(4개), 계란(2개), 생크림(혹은 우유 4큰), 소금(약간), 후추(약간), 식용유(약간), 케첩(1큰), 오이 피클(옵션)

만들기 1. 계란(2개)에 소금(약간)을 넣고 곱게 푼 다음 여기에 생크림(4큰)을 섞어요. 생크림 대신 우유를 넣어도 좋아요. 2. 팬에 식용유를 두르고 1의 계란물을 저어가며 볶아 반숙으로 익힌 뒤 소금, 후추로 간을 해주세요. 3. 빵을 반으로 갈라 오븐 토스터나 팬에 잠깐 구워 한쪽엔 마요네즈, 한쪽엔 케첩을 바르고 2의 계란스크램블을 올려주면, 완성! 오이피클을 얇게 썰어 얹어도 좋아요.

만드는 법

1 치즈(1장)와 양파(2큰)는 잘 다져주시고요, 햄(3큰)은 먹기 좋게 썰어두세요.

2 계란(2개)에 우유(5큰), 소금(1작), 설탕(반작)을 넣어 잘 풀어놓고,

요리총각의
비법 전수
계란스크램블을 몽글몽글하게 만드는 키포인트! 계란의 가장가리가 익어갈 때 그곳을 먼저 공략해서 가장자리부터 나무주걱으로 저어주는 거랍니다.

3 뜨겁게 달군 팬에 버터(1큰)를 두르고 햄과 다진 양파(2큰)를 볶아주다가,

4 2의 계란물을 풀고 여기에 치즈를 올린 다음, 나무주걱으로 저어 몽글몽글하게 흐트려주면, 완성! 간은 취향에 맞게 소금으로 적절히 조정하세요~

감자수프

꽤 괜찮은 레스토랑에 가면 부드럽고 맛있는 감자수프가 나오더라고요.
그런데 집에서 그 맛을 내보려고 하면 아무리 해도 제대로 맛이 나오지 않던 녀석! -_-;
이런 시행착오와 실험의 과정을 거쳐, 조금 러프하지만 맛은 꽤 괜찮은 감자수프를 만들게 되었답니다.
그 비법을 가르쳐드릴게요~ ^^

주재료 감자(중간크기로 1개), 양파(1/4개), 버터(1작),
         우유(1/4컵), 파슬리 가루(약간),
         월계수잎(2장), 소금(1작), 물(2컵)

만드는 법

1 감자(1개)는 채를 썰어서 팬에 버터를 두르고 노
   르스름하게 볶다가,

2 여기에 물을 적당히 붓고 월계수잎(2장)을 띄워
   푹 삶아주세요.

3 2의 잘 삶아진 감자는 물을 따라내고 뜨거울 때
   체에 밭쳐 수저나 주걱으로 잘 으깨주세요.

4 체에 내린 감자에 우유(1/4컵), 소금(1작), 물(2컵)을
   넣고 걸쭉해질 때까지 은은한 불에 끓여서 파슬
   리 가루로 마무리하면, 완성!

요 리 총 각 의 한 마 디

수프를 더 맛있게 먹는 방법

식빵을 곁들여보세요.
버터를 둘러 달군 팬에 식빵(또는 식빵 테두리도
좋아요)을 노릇하게 구운 후, 잘게 찢어서 수프에
넣어 같이 먹어도 별미랍니다.

허브를 활용하세요
허브를 기르고 계시다면 허브 서너 줄기를 따서
넣어도 독특한 향과 맛을 느낄 수 있어요.

버섯을 활용하세요
버섯은 수프와 정말 잘 어울리는 재료예요. 양송
이버섯을 넣어도 좋습니다.

감자전

밥하기 싫을 때 제가 자주 해먹는 게 바로 감자전이에요.
한번 할 때 많이 부쳐놓고 출출하다 싶으면 그냥 집어먹는답니다.
감자와 밀가루만 있다면 누구나 만들어 먹을 수 있는 환상의 맛!
남녀노소 모두를 위한 영양간식으로 최고)_(=d

재료(2인분)

주재료 감자(2개), 밀가루(1/4컵), 소금(1작)

옵션 나물, 새우, 붉은고추, 풋고추, 파슬리 등

만드는 법

1 감자는 깨끗이 깎아서 찬물에 담가두어 녹말을
  제거해주세요.

2 밀가루(1/4컵)와 다진 새우(3큰), 소금(1작)을 넣고
  잘 섞어줍니다. 새우는 옵션이에요.

3 팬에 기름을 두르고 기름이 팬 표면에 전부 묻을
  때까지 잘 달궈준 다음, 2의 반죽을 떠서 모양을
  잡습니다.

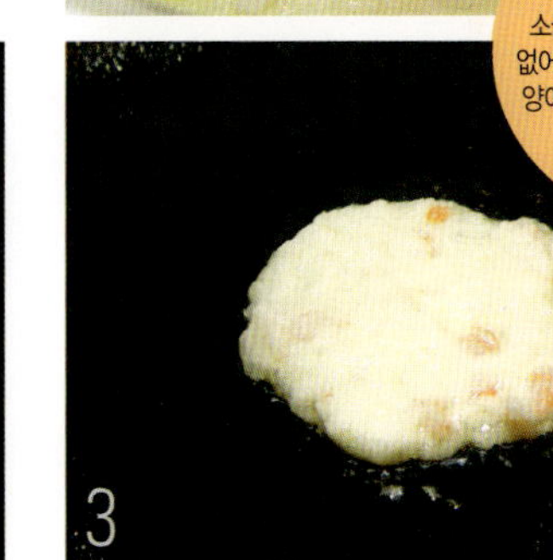

4 원하는 옵션을 선택해서 올려주면, 완성!
  고추예요.

5 나물이고요.

6 파슬리랍니다.^^

감자 보관법

그늘지고 서늘한 곳에

감자는 냉장고보다, 그늘지고 서늘한 곳에 자연
보관하는 게 더 좋답니다. 껍질을 벗기지 않은
감자는 자체적으로 수분을 잘 잃지 않는 성질을
가지고 있거든요. 바구니나 망에 담아 서늘하고
바람 잘 통하는 곳에 보관하세요. 이때 햇빛이나
형광등 불빛을 쐬면 싹이 날 수 있으니 신문지
로 덮어서 보관하는 게 좋습니다.

여름엔 냉장고 야채실에

날씨가 더운 여름에는 싹이 나기 쉬우니 신문지
에 싸서 냉장고의 야채실에 보관하도록 하세요.

밀폐용기에

껍질을 벗긴 감자는, 찬물에 20~30분 정도 담
가 전분을 씻어낸 뒤 물기를 제거하고 랩이나
비닐팩, 밀폐용기(락앤락 같은 거요)에 담아 냉장
고에 보관하세요.

사과와 함께

감자를 보관할 때 사과 1개를 같이 넣어놓으면
사과의 아틸렌 가스가 감자의 싹이 나는 걸 억
제해주기 때문에 오래도록 보관할 수 있습니다.

알감자버터구이

알
감
자
버
터
구
이

2002년도에 한계령을 넘을 일이 있었답니다.
그 산길 꼭대기에 있는 휴게소에서 맛보았던 게 바로 알감자버터구이!
고소하면서도 달콤하고 입에서 부드럽게 씹히는 그 맛에 반해서,
집에 가서 꼭 해먹어보리라 마음먹었었죠.
그 후로, 알감자 버터구이는 제가 가장 즐겨 해먹는 간식거리가 되었답니다. ^^

주재료 알감자(5~6개), 버터(2큰), 설탕(1큰),
       소금(1작)

**요리총각의
비법전수**

감자를 팬에 바로 익히면 속까지
다 안 익을 확률이 높아요.
끓는 물이나 전자레인지를 이용해서
한번 감자를 익힌 후에 팬에서
익혀주세요. 오븐을 사용할 경우엔,
오븐에서 한번만
구워내면 됩니다.

만드는 법

1 알감자(5~6개)를 준비합니다. 일명 조림감자라고
불리기도 하죠. 알감자의 껍집을 벗겨 찬물에 담
가 녹말을 제거하고, 끓는 물에 3분간만 삶아주
세요.

2 팬에 버터(1큰)를 두르고,

3 소금(1작)을 넣고 중불에 감자를 굴려가며 익히다
가,

4 알감자가 노릇노릇해지면 버터(1큰)를 더 넣고 구
워주세요. 약간 눌어붙기 시작하면 젓가락으로
찔러보세요. 젓가락이 쑥 들어가면 다 익은 거랍
니다. 잘 구워진 알감자에 설탕을 솔솔 뿌리면,
완성!

요 리 총 각 의 밥 상

남은 알감자 처리법

으깬 감자
알감자를 여러 토막 내어 푹 삶은 뒤, 생크림(또는 우유 1컵), 후추, 소금으로 간
하여 으깨거나 갈아서, 부드럽게 즐기세요.

삶은 감자
감자의 껍질을 벗기고 여러 토막을 낸 뒤 냄비에 물을 자근자근 붓고 소금을
조금 넣고 삶으세요. 푹 익을 때쯤이면 약간 탄 듯 고소한 감자가 되는데요, 흑
설탕에 찍어 먹으면 소금의 삼삼한 맛에 흑설탕 맛이 어우러져 정말 맛있어요.

대충 감자수프
1. 일단 감자를 적당히 토막 내서 들기름이나 참기름에 볶으세요. 감자는 익혀
서 으깰 거니까 토막 크기는 알아서 하시고요. 2. 살짝 볶다가 감자가 다 잠길
만큼 물을 붓고 익을 때까지 끓이세요. 3. 익으면 감자를 국물 안에서 그냥 으
깨세요. 4. 그런 다음 소금으로 간을 하고, 국물 색이 주황색 정도 되게끔 고춧
가루를 조금 뿌리면, 출출할 때 간편하게 먹을 수 있는 대충 감자수프 완성! 재
료 간단하고 조리 과정 간편하고, 의외로 정말 맛나답니다.

게맛살오이냉채

재료(2인분)

주재료 게맛살(2개), 오이(1개)

마늘소스 물(2큰), 식초(1큰 반), 설탕(1큰),
다진 마늘(반큰), 간장(1작), 소금(반작),
참기름(1작)

톡~ 쏘는 냉채소스 만드는 법만 안다면 다양한 냉채를 즐길 수 있어요.
어디서나 쉽게 구할 수 있는 게맛살로 간편하게 냉채를 즐길 수 있어서,
아주 유용한 레시피랍니다.
자, 한번 해볼까요?^^

만드는 법

1 오이(1개)는 깨끗이 씻어서 채를 썰어줍니다. 오이 껍질 부분을 두툼하게 썰어 채를 썰면 아삭아삭 맛이 좋아요.

2 게맛살(2개)은 손가락 길이 정도로 잘라 잘 찢어주세요.

3 마늘소스 재료를 잘 섞어 차가운 냉장고에 보관해두었다가,

4 오이와 게맛살을 잘 섞고 마늘소스를 적당히 끼얹으면, 완성!

게살수프처럼

재료(2인분)

주재료 크래미(2개), 계란흰자(1개), 표고버섯(1개),
죽순(40g), 다진 당근(1큰), 파(1/3뿌리),
마늘(1쪽), 다진 생강(1작), 참기름(1큰),
청주(1큰), 물(1컵), 소금(1작 반), 후추(1/3작),
레몬껍질(옵션)

"니들이 게맛을 알아!"라고 우리의 신구 선생님께선 외치셨죠.^^
제대로 된 게살수프는 진짜 게를 사서 살을 발라야 하는데,
혼자 사는 자취생이 수프 한그릇 먹자고 그런 호사를 부리기가 어디 쉽나요.
그래서 생각해낸 게 바로 게맛살을 이용한 '게살수프처럼'이랍니다.
조금 제멋대로긴 하지만, 그래도 이런 방법은 어때요 ?^^

만드는 법

1 크래미(2개)는 잘게 찢고, 표고버섯(1개)과 죽순
(40g)은 편으로 썹니다. 파(1/3뿌리)은 어슷썰고,
당근(1큰)은 다지세요.

2 팬에 참기름(1큰)을 두르고 뜨겁게 달군 후, 채썬
마늘(1쪽)과 다진 생강(1작)을 재빨리 볶아주세요.
레몬껍질은 옵션이에요~^^

3 2에 물(1컵)을 붓고 표고버섯(1개)과 다진 당근(1
큰), 죽순(40g)을 넣고 한소끔 끓인 후에, 계란흰
자(1개)를 풀어준 다음,

4 잘게 찢은 크래미를 넣고 소금(1작 반), 후추(1/3작)
로 간을 한 뒤 한번 더 끓인 후, 어슷썬 파를 넣
고 마무리하면, 완성!

느타리버섯양념구이

산에서 나는 고기 느타리버섯! 술안주로도 좋고 반찬으로도 그만인 느타리버섯양념구이.
양념장에 발라 잘 구워주기만 하면 요리 완성! 대체 어려울 게 뭐가 있단 말인가?!
한 손엔 프라이팬을, 다른 손엔 조리용 국자를 잡고, 한번 해보면 되지 뭐!

주재료 느타리버섯(250g), 식용유(2큰),

양념장 고추장(1큰), 진간장(1작), 물엿(1작), 설탕(1작),
　　　　 참기름(1작), 다진 마늘(1작), 깨소금(1작)

요 리 총 각 의 밥 상

느타리버섯조림

재료 느타리버섯, 붉은고추, 진간장, 물엿
만들기 1. 끓는 물에 느타리버섯을 넣고 한번 더
살짝 끓으면 건져서 소쿠리에 밭쳐두세요. 찬물
에 헹구지 마시고 그냥 소쿠리에 밭쳐만 두세요.
2. 버섯은 뜨거운 상태로 팬에 넣고, 진간장, 어
슷썬 붉은고추를 넣어 5~10분 정도 볶으면 느
타리버섯에 간장 색깔이 이쁘게 들어요. 3. 이때
물엿을 넣어서 다시 한번 볶아주면, 매콤달콤한
느타리버섯조림 완성!

느타리버섯무침

재료 느타리버섯(250g), 오이, 양파, 미나리, 초
장(고추장 1큰+식초 반큰+물엿 반큰+설탕 반큰)
만들기 1. 초장을 미리 만들어두세요. 2. 끓는 물
에 느타리버섯을 5분간 데쳐주세요. 3. 데친 느
타리버섯에 오이, 양파, 미나리 등등 채썬 야채
를 넣어서 초장에 무치면, 완성!

만드는 법

1 분량의 재료를 잘 섞어 일단 양념장을 만들어둡
니다.

2 느타리버섯은 흐르는 물에 잘 씻어서 먹기 좋게
찢어주세요.

3 맛있는 양념장을 느타리버섯에 잘 묻혀서,

4 식용유를 두른 팬을 달군 다음 한두차례 구워내
면, 완성! ^^

요리총각의 비법 전수

양념은 굽기 직전에
발라주세요. 미리 바르면
버섯에서 물이 생기거든요.

고구마우유죽

한겨울엔 군고구마가 어쩜 그렇게도 맛있는 지!!
군고구마 장수가 있는 골목이면, 전후방 50m 밖에서도 구수하고 달콤한 냄새가 진동을 하죠.^^
그런데 고구마는 먹을 때 목에 걸리는 게 조금 부담스럽더라구요.
소화도 잘 안 되고요. 그래서 생각해보았답니다.
부드럽고 달콤하게 고구마 먹는 방법! 고구마우유죽을 소개할게요. ^^

재료(2인분)

주재료 고구마(1개), 우유(1컵), 큼직하게 다진
        브로콜리(5큰), 소금(반작), 후추(1/3작)

만드는 법

1 고구마(1개)는 깨끗이 씻어서 잘 익혀주세요. 찜
   통에 쪄도 되고, 전자레인지에 넣어서 익혀도 됩
   니다.

2 브로콜리는 먹기 좋은 크기로 잘 썰어 준비해두
   시고요,

3 잘 익은 고구마는 껍질을 벗겨 역시나 먹기 좋은
   크기로 썰어두세요.

4 우유(1컵)에 고구마와 브로콜리를 넣고 은은한 불
   에서 뭉글해질 때까지 잘 저어주면, 완성! 간은
   소금(1/3작)으로 해주고, 후추는 안 넣어도 상관없
   어요.

요 리 총 각 의 밥 상

고구마김치떡
고구마와 김치의 찰떡궁합이 빚어낸 환상의 맛!

재료〈4인분〉 고구마(4개), 버터(2큰), 설탕(1작), 물엿(2큰) **김치잼** 다진 김치(반컵),
설탕(반컵), 버터(2큰), 물(반컵), 버터(1큰), 설탕(2큰) **김치속** 다진 김치(반컵), 버터(1
큰), 설탕(2큰)

만들기 1. 김치(반컵)를 잘게 다져서 국물을 꼭 짠 뒤 반으로 양을 갈라, 2. 냄비
에 1의 다진 김치 반과 설탕(반컵), 버터(2큰), 물(반컵)을 넣고 끓여서 잼처럼 만
들어주세요. 3. 냄비에 버터(1큰)를 두르고 1의 남아 있는 다진 김치와 설탕(2큰)
을 넣고 볶아서 김치속을 만들어두시고요. 4. 고구마는 깨끗이 씻어 찜통에 넣
고 푹 삶아서 껍질을 벗겨 주걱으로 으깨고, 거기에 버터(2큰), 설탕(1작), 물엿(2
큰)으로 간을 하세요. 5. 위생장갑을 끼고 4를 동그랗게 빚어 그 속에 3의 김치
속을 넣고 모양을 잘 잡아주세요. 송편 빚는 것처럼 만들면 돼요. 6. 둥글린 고

구마의 위가 평평하도록 손으로 잘 눌러주신 후, 그 위에 김치잼을 고명으로
올리면, 완성!

고구마떡구이

재료〈2인분〉 고구마(반개), 멥쌀가루(반컵), 우유(2큰), 소금(약간), 식용유(2큰) **시럽**
물(2큰), 설탕(2큰)

만들기 1. 고구마(반개)는 씻어 껍질을 벗긴 후 삶아서 뜨거울 때 으깨어 체에
내려주세요. 2. 볼에 멥쌀가루(반컵), 으깬 고구마, 우유(2큰), 소금(약간)을 넣고
잘 반죽해주세요. 3. 적당히 반죽을 떼어서 동그란 모양으로 빚어서, 4. 식용유
(2큰)를 두른 팬에 반죽이 앞뒤로 노릇하게 되도록 지져주세요. 5. 냄비에 물(2
큰)과 설탕(2큰)을 넣어 걸쭉한 상태가 될 때까지 끓여서 시럽을 만들어, 6. 4의
지진 고구마를 접시에 담고 위에 시럽을 끼얹으면, 완성!

스튜

스튜는 재료를 한데 섞어 팬에 넣고 장시간 푹 끓여서 만드는 국물 있는 서양식 찌개예요.
재료를 큼직하게 썰어서 약한불에 오래 끓여내기 때문에 영양가도 높고 재료의 진한 맛을
느낄 수 있답니다. 게다가 스튜 하나만 있으면 빵에 찍어 먹어도 맛있고 밥에 비벼 먹어도 맛있어서,
간식으로도 좋고 한그릇 식사로도 그만이지요. 특별히 해먹을 게 없을 때 써먹는 게 항상 카레뿐이었다고요?
그렇다면 새로운 녀석을 소개할게요. 바로 스튜랍니다!

주재료 소고기(50g), 닭가슴살(1개), 감자(작은 것 1개),
　　　　브로콜리(5쪽), 양파(반개), 피망(1개),
　　　　당근(1/3개), 마늘(2쪽), 밀가루(2큰), 버터(1큰),
　　　　닭육수(1컵), 올리브유(약간), 소금(1작),
　　　　후추(반작), 파슬리가루(반큰)

만드는 법

1 소고기(50g)와 감자(1개), 당근(1/3개)은 깍둑썰고,
　피망(1개)과 양파(반개)는 먹기 좋은 크기로 썰어
　두세요.

2 닭가슴살은 한번 삶아서 사용하세요. 이때 닭육
　수 비슷하게 국물을 내주는 것이 키포인트! 물(2
　컵)에 닭가슴살(1개)과 통마늘(2쪽)을 넣고 육수가
　1컵 정도 나올 때까지, 대략 20분 정도 삶아주세
　요.

3 버터(1큰)를 두른 팬에 익히기 어려운 순서부터
　재료를 넣어 잘 볶아주세요. 당근→감자→소고
　기 순.

4 3이 적당히 익었으면 여기에 피망과 양파를 넣
　고 소금(반작), 후추(1/3작)로 밑간을 해서 한번 더
　볶아준 후,

5 다른 팬에 버터(1큰)에 밀가루(1큰)를 섞어 살살 볶
　다가 닭육수(1컵)를 조금씩 부어 멍울지지 않게
　잘 저어 밀가루수프처럼 만들어주세요.

6 여기에 4를 섞어 약한불에 은은히 끓여내다 마
　지막에 브로콜리(5쪽)를 넣어주고 소금(1작)과 후
　추(반작)로 간을 하면, 완성!

스튜 더 맛있게 먹기

● 허브가 있다면 신선한 허브를 살짝 뿌리면 향
　기가 더해져 더 맛있어요. 말린 것보다는 집에
　서 키우는 허브를 따서 사용하면 더 좋지요.
● 땅콩이나 아몬드처럼 견과류를 잘 다져서 뿌려
　먹어도 맛있어요.
● 햄이나 베이컨을 잘게 썰어서 스튜 위에 뿌려
　서 먹어도 좋고요.
● 비스킷을 잘게 부셔서 뿌려 먹어도 별미랍니
　다.
● 식빵을 작은 정사각형 모양으로 잘라서 팬에
　노릇하게 구운 뒤 스튜 위에 뿌려서 드세요.
● 토마토를 썰어서 함께 넣어 끓여도 새콤달콤한
　색다른 스튜가 된답니다.

길거리음식 따라잡기

사진 1 길거리를 걸어가다가도, 가게에서 뭔가를 먹다가도, '맛있겠다', '집에서 한번 만들어봐야겠다' 하는 생각이 들면 바로 카메라를 들이대는 나! 이건 무슨 병일까요? ^^;;

사진 2 빨간오뎅 한입 물다.
'어! 보기보다 상당히 맛있는데!@_@~ 집에서 한번 만들어봐야겠군.'

사진 3 자, 한입 먹어볼래요?

사진 4 제가 즐겨 먹는 길거리음식 중 하나가 바로 순대볶음이랍니다~^^ 특히 순대는 간과 염통이 생명이지요. 아줌마한테서 순대볶음 한 접시를 건네받으니, 저절로 입맛이 다셔지네요.

사진 5, 6 길거리에서 계속 사진을 찍히자니, 좀 쑥스럽긴 하네요. 헤헤~*^^*

라면을 사랑해요

요리를 한다는 것, 처음엔 그렇게 쉬운 일이 아니랍니다. 물론 저도 그랬지요.^^ 하지만 생활고에 부딪치다 보니 뭐든 도전하게 되더라고요. 3년 반 전 자취를 시작하면서, 요리총각으로서의 저의 인생은 시작되었답니다. 적은 용돈에, 연애까지 하고 있었던데다가, 한창때라 먹고 싶은 것도 많았죠.ㅡㅡ;; 어쩌겠습니까. 싸게 재료를 구해서 직접 만들어 먹는 수밖에! 그렇게 시작된 것이 바로 저의 요리 인생이랍니다. 말하고 보니, 나름대로 애절한 사연이네요~ㅡㅡㅜ

처음엔 아주 단순한 차원이었어요. 라면 끓일 때 고추장을 1큰 더 넣어본다던가, 야채와 버섯을 이용해서 국물을 좀더 우려낸다던가 하는 수준이었죠. 그러면서 점차 요리에 호기심이 생기고, 하다 보니 한결 업그레이된 맛을 낼 수 있게 되더라고요. 생각보다 요리가 그렇게 어려운 게 아니란 걸 차츰 알게 됐죠. '요리의 시작은 있는 재료를 활용하는 것!' 이라는 나만의 철학도 생겨나게 되었고요.

요리총각으로 변신하면서, 길거리를 걸어가면서도 그냥 지나치질 못하게 되었어요. 내 눈길을 자꾸 붙잡는 게 있었으니, 바로 다양한 '길거리음식'! 물론 군것질거리로도 훌륭하지만, 그보다는 저것들은 도대체 어떻게 만들까, 어떻게 따라할 수 있을까, 하는 궁금증에 유심히 관찰을 하게 되더라고요. 온 길거리가 저에겐 살아 있는 요리선생님 같아요.

가끔 밤에, 혼자서 멍하니 컴퓨터 모니터 앞에 앉아 있다 보면, 왠지 모를 허전함이 찾아오죠. 백 퍼센트 배고파서입니다.ㅡㅡ; 그럴 때 생각나는 것들이 바로 길거리음식이에요. 그러면 전 작업하던 것들을 대충 마무리짓고 좀비처럼 부엌으로 어슬렁어슬렁 나갑니다.

가끔 이런 질문을 하시는 분들이 있어요. 요리할 때 앞치마 입고 요리하느냐고. 그런 질문을 받을 때마다 저는 대답한답니다.

"저…사실… 전 누드로 요리하는데요…ㅡㅡ;"

들으시는 분들은 농담이려니 하지만… 절대 사실입니다! 밤에, 남자 혼자서 집에 있다 보면 팬티 한장 달랑 걸치고 있을 확률이 거의 팔십 퍼센트 이상이거든요. 때문에 요리를 하더라도 옷을 갖춰 입고 하지는 않아요. 아… 말해놓고 나니 심하게 부끄럽네요~ *^^*

하여튼 각설하고,

요리는 한번 시작하는 게 어렵지, 하나씩하나씩 도전하다 보면 자기만의 스타일과 요령이 붙게 된답니다. 그리고 요리에 맛을 들이게 되면 세상이 달라 보여요. 아마, 길거리 포장마차 앞에서 음식을 먹지는 않고 아줌마의 손놀림을 유심히 관찰하고 있는 자신을 발견하게 될걸요. 그리고 그 옆에서 더 열심히 관찰하고 있는 한 총각이 있다면, 그건 바로 저고요!^^

빨간오뎅

재료

오뎅(4~5꼬치), 물(4컵 반), 양파(반개), 국멸치(2/3줌), 무(2cm), 파(반뿌리), 다진 마늘(1큰), 고추장(1큰), 고춧가루(1큰), 설탕(1큰 반), 소금(반큰)

만들기

1 냄비에 물(4컵 반)을 붓고 양파(반개), 국멸치(2/3줌), 무(2cm), 파(반뿌리)를 넣어 30분간 국물을 푹 우려내줍니다.

2 국물이 다 우러났으면 무만 남기고 건더기들을 다 버려주세요. 여기에 고추장(1큰), 고춧가루(1큰), 설탕(1큰 반), 소금(반큰), 다진 마늘(1큰)을 넣고,

3 오뎅(4~5개)을 넣어 중불에서 30분간 더 끓여주면, 매콤달콤 빨간오뎅 완성! ^^

순대볶음

재료

순대(150g), 깻잎(6장), 양배추(2장), 양파(반개), 당근(3cm), 대파(반뿌리), 식용유(2큰)

양념장

고춧가루(1큰 반), 간장(1큰), 설탕(반큰), 청주(1큰), 다진 마늘(1큰), 참기름(1작), 깨(반큰), 후추(약간)

만들기

1 양배추(2장), 양파(반개), 당근(3cm)은 채썰고, 대파(반뿌리)는 어슷썰어놓으세요.

2 분량의 재료를 잘 섞어 양념장을 만들어둡니다.

3 팬에 식용유(2큰)를 두르고, 당근, 양파, 양배추를 넣어 1분 안쪽으로 재빨리 볶아주다가, 순대, 대파, 양념장을 넣고 같이 볶습니다.

4 3~5분 정도 볶다가 다 익으면 그릇에 담고, 깨와 굵게 썬 깻잎을 위에 얹어내면, 맛있는 순대볶음 완성! ^^

싱글을 위한 웰빙요리

아삭아삭 야채랑 친해지자

혼자 살면 몸에 좋은 걸 챙겨 먹어야 한다는 강박관념
비슷한 것에 시달리게 되잖아요? ^^;;
아삭아삭한 야채로 간단한 밑반찬에서부터 가벼운 수프까지!
싱글을 위한 웰빙 요리! 어렵지 않답니다~^^

바다맛 나는 해조류 챙겨 먹자

영양은 풍부하고 칼로리는 낮은 건강식품 해조류!
바다맛 나는 건강 밥상을 차려보아요.

나만의 샐러드와 음료수

간편하게 건강을 챙기는 나만의 비법!
바로 상큼한 샐러드와 건강음료수랍니다.
만들기 쉽고 맛도 좋은, 나만의 샐러드와 음료수를 소개합니다.

아삭아삭 야채랑 친해지자

오이깍두기

혼자 살면서 챙겨 먹기 어려운 것 중 하나가 바로 야채와 나물류죠.
내 건강은 스스로 챙긴다는 마음으로, 장볼 때도 항상 야채 코너를 얼쩡거리게 되더라고요.
그 중 가장 만만한 건 바로 오이! 상큼한 오이는 뭘 해먹어도 싱싱하고 맛있지요.
그런데 오이로 깍두기도 담가 먹을 수 있다는 사실, 알고 계시나요? ^^

주재료 오이(2개), 실파(3뿌리), 굵은 소금(1줌)

옵션 고춧가루(1/4컵), 다진 마늘(반큰), 새우젓(반큰),
      설탕(1작), 소금(1작)

만드는 법

1 오이(2개)는 통으로 2cm 크기로 썰어서 4등분
  해주세요, 속이 좀 무르다 싶으면 오이씨가 있는
  부분은 조금 제거해도 좋습니다.

2 깍둑 썬 오이에 굵은 소금(1줌)을 뿌려 20분간 절
  여놓습니다. 그러면 물기가 생기거든요. 그 물기
  를 따라버리고 절인 오이는 흐르는 물에 한번 씻
  어주세요.

3 씻어낸 오이를 고춧가루(1/4컵)에 버무려 빨간 물
  이 들게 5분 정도 두었다가,

4 먹기 좋게 썬 실파(3뿌리), 다진 마늘(반큰), 새우
  젓(반큰), 설탕(1작), 소금(1작)을 함께 넣고 잘 버무
  려주면, 완성!
  그냥 드셔도 맛있지만 냉장고에 하루나 이틀 두
  었다가 드셔도 맛있어요.^^

요 리 총 각 의 밥 상

오이무침

고춧가루 사용하지 않고, 오이의 향과 맛을 그대
로 살린 담백한 오이무침을 소개할게요.
재료〈4인분〉 오이(3개), 다진 파(4큰), 다진 마늘(1
큰), 소금(1작), 실고추(약간), 통깨(약간), 참기름(약
간)
만들기 1. 오이(3개)는 깨끗이 씻어주세요. 오이
가시가 많으면 소금으로 비벼서 씻어주시고요.
2. 오이를 동글동글하게 얇게 썰어 소금(1작)에
살짝 절여주시고요. 3. 절인 오이를 씻어 물기를
짜주세요. 너무 꼭 짜면 오이가 파랗게 멍이 드
니까 힘 조절하시고요.^^ 4. 물기를 짠 오이에
다진 마늘(1큰), 다진 파(4큰), 실고추(약간), 통깨
(약간), 참기름(약간)을 넣고 잘 버무리면, 담백한
오이무침 완성!

오이생채

재료〈4인분〉 오이(2개)
양념장 다진 파(1큰), 다진 마늘(반큰), 고추장(4큰),
고춧가루(1큰), 식초(2큰), 소금(1큰), 설탕(1큰), 깨
소금(약간)
만들기 1. 담백한 오이무침의 3번 과정까지는 모
두 같고요, 2. 분량의 재료를 섞어 양념장을 만
들어 오이를 버무리면, 기본 오이생채 완성!

오이숙주초무침

오 이 숙 주 초 무 침

녹두를 물에 불려 싹을 낸 나물이 바로 숙주나물이랍니다.
숙주나물은 콩나물보다 아삭하고 담백해서 아무리 먹어도 물리지 않아요.
날이 더워지면 차가운 반찬을 주로 해먹게 되잖아요. 그때 저는 아삭하고 담백한
숙주나물을 활용한답니다. 여러분도 숙주나물을 상큼하게 무쳐서 한번 드셔보세요.^^

주재료 오이(1개), 숙주(1줌), 부추(반줌),
        붉은고추(반개), 꽃소금(약간)

양념초간장 진간장(2큰 반), 식초(반큰), 다진 파(2큰
          반), 다진 마늘(반큰), 깨소금(반작),
          설탕(반큰), 고춧가루(1큰), 참기름(1작)

만드는 법

1 오이(1개)는 어슷썬 뒤 한번 더 반으로 잘라주세
요. 그리고 꽃소금에 절여둡니다.

2 분량의 재료를 잘 섞어서 양념초간장을 만들어두
세요.

3 숙주(1줌)는 살짝 데쳐서 찬물에 바로 헹궈주세
요. 그래야 아삭아삭하답니다. ^^

4 데친 숙주나물에, 부추(반줌)와 어슷썬 붉은고추
(반개)를 넣고 양념초간장을 부어 잘 버무리면, 완
성!

요 리 총 각 의 밥 상

숙주나물은 신숙주에서 따온 거라고 해요. 신숙
주는 의리를 저버린 채 사육신을 등지고 세조의
공신이 되었는데, 녹두나물은 금방 쉬어버리기
때문에 사람들이 신숙주의 변절에 빗대서 녹두나
물을 숙주나물이라고 불렀대요.
입맛 없는 여름에 시원하게 해먹을 수 있는 숙주
나물 요리 하나 더 알려드릴게요.

숙주냉채

재료 숙주(300g), 당근(1/4개), 미나리(8줄기), 대파
(1뿌리), 다진 마늘(1작), 소금(약간)
겨자소스 연겨자(3큰), 설탕(3큰), 연유(4큰), 식초
(4큰), 배즙(1큰), 소금(약간)
만들기 1. 숙주(300g)는 데쳐서 찬물에 헹군 후,
팬에 기름(1큰)을 넣고 살짝 볶아요. 2. 당근(1/4
개)은 5cm 길이로 곱게 채썰어요. 당근은 생으
로 써도 좋고, 기름 두른 팬에 살짝 볶아도 좋아
요. 3. 미나리(8줄기)는 끓는 물에 소금을 넣고
살짝 데친 후, 찬물에 헹궈 5cm 길이로 썰고요.
4. 분량의 재료를 잘 섞어서 겨자소스를 만들고,
5. 겨자소스와 야채를 냉장고에 넣어서 차게 식
혀두세요. 6. 먹기 직전, 숙주, 당근, 미나리를
겨자소스에 버무려내면, 완성!

샐러리김치

샐러리김치

김치란 참 대단한 조리법 중 하나인 것 같아요.
날로 먹을 수 있는 야채란 야채는 모두 김치로 만들어 먹을 수 있으니까요!
자, 이번엔 샐러리로 만든 특이한 김치입니다. 샐러리, 이젠 기름기 많은 마요네즈에 찍어먹지 마시고,
상큼한 밑반찬으로 만들어서 많이많이 먹어보자고요~^^

주재료   샐러리(1단), 실파(3뿌리), 굵은 소금(두어줌)

찹쌀풀   찹쌀가루 1 : 물 2의 비율로 섞어 되직한
          수프처럼 끓이기

양념장   멸치액젓(1큰), 찹쌀풀(3큰), 고춧가루(2큰),
          새우젓(반큰), 다진 마늘(1작), 다진 생강(반작),
          소금(1작), 설탕(1작), 배(1/4개)

만드는 법

1 샐러리는 푸른 잎을 제거하고 단단한 줄기만 사
  용합니다. 엄지손가락만 하게 잘라주세요.

2 샐러리와 실파에 굵은 소금(두어줌)을 뿌리고 야
  채가 잠길 정도로 물을 부어 절여주세요.

3 볼에 멸치액젓(1큰)과 찹쌀풀(3큰)을 넣어 섞은 뒤,
  거기에 고춧가루(2큰)를 넣어서 10분 정도 불려
  주세요.

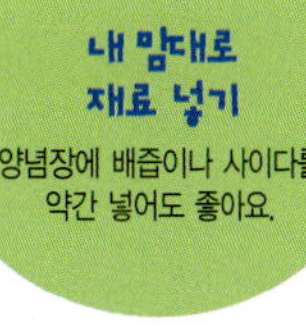

4 3에 새우젓(반큰), 다진 마늘(1작), 다진 생강(반작),
  소금(1작), 설탕(1작)을 넣어 섞고,

5 채를 썬 배(1/4개)를 넣어주면, 양념장 완성!

6 절여두었던 샐러리와 실파에 양념장을 넣고 잘
  버무린 후, 실파로 샐러리를 두어개씩 단단히 묶
  으면, 완성! 귀찮다면 실파로 묶는 건 생략해도
  상관없고요~ ^^

요리총각의한마디

샐러리의 효능

마음을 안정시켜줘요
샐러리는 피를 깨끗하게 하고 신경을 안정시키
는 작용을 해요. 특히 흥분을 잘하거나 사소한
일로 얼굴 잘 붉히는 분들은 평소 샐러리를 많
이 드세요.

변비에도 좋아요
샐러리의 섬유질이 장내 유해물질을 없애줘서
변비 해소에도 좋은 효과를 볼 수 있어요.

피로 회복에 좋아요.
샐러리의 비타민이 피로물질을 제거해서, 신경
이 날카로울 때나 피로할 때 먹으면 힘이 나요.

미용에도 좋아요
샐러리를 목욕제로 사용해보세요. 샐러리 잎을
잘게 썰어 천주머니에 넣고 목욕물에 담가서 사
용하면 피부에 영양을 공급해주고 몸을 따뜻하
게 해준답니다.

양배추겉절이

양
배
추
겉
절
이

어릴때는 김치를 잘 안 먹어 엄마한테 혼나기도 많이 했는데, 점점 나이 들어
총각(아직 아저씨는 아니랍니다~^^)이 되다 보니 밥상에 김치가 없으면 어딘가 허전하더라고요.
김치가 있어야 뒷맛이 느끼하지 않고 깔끔하지요. 하지만 자취하는 처지에
배추김치 담가 먹는다는 건 거의 불가능에 가까운 일 아니겠어요?
이럴땐, 잘 만든 '겉절이'이 하나가 열 '김치' 안 부럽답니다.
구하기 쉽고 만들기 쉬운, 양배추 겉절이를 소개할게요~^^

주재료 양배추(1/4통), 무(양배추 분량의 1/3 정도),
        실파(3뿌리), 물(5컵), 소금(8큰)

양념장 고춧가루(1/4컵), 멸치액젓(3큰), 물(5큰), 다진
        마늘(2큰), 다진 생강(반작), 설탕(1큰),
        소금(반큰), 깨소금(반큰), 식초(1큰)

만드는 법

1 양배추와 무는 한입에 먹기 좋은 크기로 썰어 소
  금물(물 5컵+소금 8큰)에 2~3시간 절여주세요.

2 고춧가루(1/4컵)에 멸치액젓(3큰)과 물(5큰)을 섞어
  충분히 불린 다음,

3 나머지 양념장 재료를 모두 넣어 섞어주세요. 식
  초는 넣어도 되고 안 넣어도 되니 식성에 따라
  하시면 돼요.

요 리 총 각 의 밥 상

위의 양념을 이용해서 다양한 겉절이를 만들어보
세요.

배추겉절이

1. 배추는 흙을 털고 겉잎을 떼어 다듬은 다음,
밑둥에서부터 반 정도까지만 칼집을 넣어 손으
로 쪼개 2등분이나 4등분 해주세요.
2. 큰 양푼에 물(2L)과 소금(1컵)을 섞어 소금물을
만들어 자른 배추를 10분 정도 담갔다가 꺼낸
후, 굵은 소금을 골고루 뿌려 15분 정도 절여주
세요. 배추겉절이의 배추는 살짝 절여야 아삭하
고 맛있답니다.
3. 절인 배추를 물에 흔들어 씻은 다음 채반에
받쳐 물기를 뺀 뒤 길이로 쭉쭉 찢어주세요. 흰
줄기가 단단하면 위쪽에 살짝 칼집을 넣어 손으
로 찢어내리면 됩니다.
4. 이렇게 준비한 배추를 양념에 무치면, 배추겉
절이 완성!

상추겉절이

상추를 깨끗이 씻어서 손으로 찢거나 채를 썰어
양념에 무치면, 풋풋한 상추겉절이 완성! 먹기
바로 직전에 상추를 무쳐야 상추가 쳐지지 않고
신선해요.

부추겉절이

부추를 깨끗이 씻어서 적당한 크기로 썰어 양념
에 무치면, 부추겉절이 완성! 고기 요리 먹을 때
같이 곁들여도 좋아요.

4 절여진 무와 양배추에 실파(3뿌리)를 5cm 크기로
  잘라 얹고,

5 3의 양념장을 부어주세요.

6 비닐장갑을 끼고 양배추 사이사이에 양념이 골고
  루 배일 수 있도록 잘 버무려주면, 완성!

**요리총각의
비법 전수**

하루에서 이틀 정도 냉장실에
보관하시면 맛이 잘 든답니다.
요걸 라면 먹을 때나 찬물에
밥 말아 먹을 때 함께
먹으면~)_(b

양념된장두릅무침

재료 (2인분)

주재료 두릅(1되)

양념된장 된장(수북이 1큰), 설탕(반큰), 다진 파(1큰),
다진 고추(1큰), 다진 마늘(반큰),
깨소금(반큰), 참기름(반큰)

'산에서 나는 횟감'으로 불리는 영양 만점 산나물, 두릅!
두릅의 독특한 향과 쌉싸래한 맛이 입맛을 돋우어준답니다.
봄철 두릅 한 접시로 즐기는 향긋한 맛기행!

만드는 법

1 두릅은 새싹 부분만 따서 뜨거운 물에 소금을 약
간 넣고 살짝 데쳐주세요.

2 분량의 재료를 잘 섞어 양념된장을 만들어주세
요.

3 양념된장 완성! 초고추장에 찍어드셔도 좋지만,
몸에도 좋고 맛도 구수한 된장이 두릅의 향과 맛
을 잘 살려줘서 전 된장으로 준비했답니다.^^

4 데쳐놓은 두릅에 양념된장을 끼얹어 잘 버무리
면, 양념된장두릅무침 완성!

쌈밥

재료(2인분)

주재료 쌈 싸기에 좋은 각종 야채, 밥

된장양념 된장(수북이 1큰), 설탕(반큰), 다진
고추(1큰), 다진 마늘(반큰), 깨소금(반큰),
참기름(1작)

제가 키는 싱겁게 큰데, 그에 비해 은근히 양이 적답니다.
그래서 반찬을 좀 많이 먹는다 싶으면 밥 한 공기를 다 비우질 못하게 되더라고요.
그런데 쌈밥이라면 얘기가 달라져요! 쌈밥은 양념장만 맛있으면
밥 두 공기도 거뜬히 비워버린답니다. 요즘은 쌈 싸먹기 좋은 다양한 야채를
저렴하게 구할 수 있어서 즐거워요~^^

만드는 법

1. 분량의 재료를 잘 섞어서 된장양념을 맛있게 만
들어둡니다.

2. 쌈용으로 좋은 야채를 다양하게 구입해서 깨끗이
씻어 채반에 밭쳐 물기를 빼놓으세요.

3. 밥은 흰쌀로 지어 따끈할 때 퍼서,

4. 야채에 따끈한 흰밥 한 숟가락 올리고, 된장양념
을 푹– 퍼서 그 위에 얹은 다음, 잘 싸서 입이
미어져라 넣으면!^^

당근수프

당 근 수 프

당근은 당나라에서 처음 들어왔다고 해서 붙여진 이름이래요.
색깔이 예뻐서 음식의 모양을 낼 때 많이 쓰는데, 바로 이 색깔에 당근의 비밀이 숨겨져 있다는 거 아세요?
당근이 주홍빛을 띠는 건 카로틴이라는 성분 때문인데요, 강력한 항암작용을 한다고 하네요.
사실 저는 당근을 그다지 좋아하지는 않아요. 하지만 자취하면서 얻은 교훈이 '젊을 때 몸 챙기자'였거든요.
그래서 어떻게 하면 당근을 맛있게 먹을 수 있을까 궁리하기 시작했죠.
자, 지금부터 몸에 좋은 당근으로 술술 잘 넘어가는 수프를 만들어볼게요.

재료(2인분)

주재료 당근(반개), 감자(반개), 양파(반개),
토마토(작은 것 1개), 버터(3큰), 소금(3작),
케첩(1큰), 밀가루(1큰), 물(1컵)

만드는 법

1 당근(반개)과 양파(반개), 감자(반개)는 채를 썰어서
준비해두고, 토마토(작은 것 1개)는 껍질을 벗겨놓
으세요.

2 뜨겁게 달군 팬에 버터(2큰)를 두르고 당근, 양파,
감자를 노르스름해질 때까지 볶아주다가,

3 여기에 물(1컵)을 붓고 소금(2작)을 넣은 다음, 당
근이 푹 익도록 은은한 불에 끓여주세요.

4 여기에 껍질을 벗긴 토마토를 적당히 썰어서 넣
고 같이 익혀줍니다. 나무주걱으로 꾹꾹 눌러서
으깨셔도 돼요.

5 물이 거의 졸아들 때쯤 불을 끄고, 체에 밭쳐 건
더기를 으깨주세요. 이 작업이 조금 힘들지만 꼭
해주셔야 해요. 그래야 부드러운 수프를 먹을 수
있답니다.

6 으깨준 건더기를 냄비에 넣고 밀가루(1큰)와 버
터(1큰)를 넣어 약한불에 잘 끓여주면, 당근수프
완성! 간은 소금(1작), 후추(1/3작)로 맞추면 된답
니다~

요 리 총 각 의 밥 상

당근건강핫케이크

재료 당근(1개), 밀가루(1컵), 베이킹 파우더(1작),
계란(1개), 설탕(2큰), 소금(약간), 식용유(1큰)
당근시럽 당근(1/4개), 설탕(3큰), 물(3큰)
만들기 1. 당근(1개)은 껍질째 씻어 강판에 곱게
갈아주세요. 2. 볼에 밀가루(1컵), 곱게 간 당근,
베이킹 파우더(1작), 설탕(2큰), 소금(약간)을 넣어
고루 섞어주세요. 3. 자, 당근시럽을 만들어볼게
요. 당근(1/4개)을 동글납작하게 저며 썰어서 냄
비에 넣고 설탕(3큰)과 물(3큰)을 넣어 걸쭉해질
때까지 끓여주세요. 4. 달군 팬에 식용유(1큰)를
두르고 2의 반죽을 한 국자씩 떠서 도톰하게 부
쳐, 5. 그릇에 담고 그 위에 당근시럽을 뿌리면,
맛있고 몸에 좋은 당근건강핫케이크 완성!

브로콜리수프

재료(2인분)

주재료   다진 브로콜리(1종지, 대략 4~5큰 정도 분량),
밀가루(2큰), 버터(2큰), 소금(1작), 물(1컵 반)

만드는 법

1 브로콜리는 뜨거운 물에 데쳐
잘 다져서 1종지 준비해두세요.

2 버터(2큰)에 밀가루(2큰)를 넣고 잘 볶아서,

3 걸쭉해지면 물(1컵 반)을 붓고 멍울지지 않게
잘 풀어준 다음,

4 브로콜리와 소금(1작)을 넣고 약한불에 은은히
끓인 후, 후추로 간을 하면, 완성!~^^

위에도 좋고, 항암작용에,
비타민C와 셀레늄이 풍부한 브로콜리!
게다가 아삭아삭 씹는 맛까지! ^^

요리 총각 의 한 마 디

브로콜리 활용하기

몸에 좋은 브로콜리 많이많이 먹자구요!

불고기나 양념갈비구이와 함께
불고기 구울 때, 미리 데쳐놓은 브로콜리를 불판
한쪽에 놓고 같이 구워보세요. 의외로 한국식 고
기양념과 잘 어울려서 맛이 끝내준답니다.

색도 이쁘고 맛도 좋은 맥주 안주
브로콜리를 살짝 데쳐 접시에 놓고 그 위에 슬
라이스 치즈를 길게 잘라서 얹으세요. 그리고 전
자레인지에 1~2분만 돌리면, 보기에 멋지고 맛
도 고소한 맥주 안주 탄생!

브로콜리 샐러드
소금 넣고 살짝 데친 브로콜리와 살짝 데친 새
우를, 사과, 마요네즈, 양파즙을 섞어서 만든 소
스에 버무려서 먹으면, 담백하고 신선한 브로콜
리 샐러드 완성!

**요리총각의
비법 전수**

오래 볶아야 밀가루 냄새 없이
구수하답니다. 약한불에
3분 정도 볶아주세요

바다맛 나는 해조류 챙겨 먹자

미역와사비밥

미역와사비밥

예전의 미역은 임금님께 진상했던 아주 귀한 음식이었다고 해요.
양식이 가능해진 오늘에야 흔한 식품이지만, 그래도 미역의 영양가만큼은 변함이 없죠.
몸속의 노폐물을 제거해주고, 철분이 풍부하며, 해독작용에 항암작용까지,
칼로리 낮고 영양은 풍부한 미역! 이렇게 좋은 걸 안 먹을 수 없죠!^^
그래서 더 맛있게 먹기로 했습니다. 바로 미역와사비밥이랍니다~

주재료 쌀(1컵), 미역(반컵), 간장(2큰), 물(2큰),
       설탕(1작), 와사비(1작), 레몬(1쪽)

만드는 법

1 쌀(1컵)은 반나절 정도 충분히 불려서 전기밥솥에
  안칩니다. 물은 전기밥솥에 표시되어 있는 선까
  지, 넣으라는 만큼 넣어주고,

2 미역(반컵)은 깨끗이 씻어서 먹기 좋게 잘라 쌀
  위에 올린 다음, 취사 버튼을 눌러주세요.

3 뜸이 잘 들었으면 밥솥 뚜껑을 열어서,

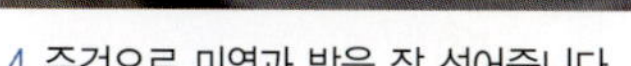

4 주걱으로 미역과 밥을 잘 섞어줍니다.

5 와사비간장을 만들어볼까요? 간장(2큰), 물(2큰),
  설탕(1작)을 섞어서 레몬(1쪽)을 띄우고 와사비(1작)
  를 적당히 담아내면 된답니다.

6 밥을 그릇에 담고, 와사비간장을 잘 풀어서 밥에
  쓱쓱 비벼 맛있게 뚝딱!^^

홍합미역국밥
재료〈2인분〉 홍합살(100g), 불린 미역(반공기), 밥
(2공기), 참기름(2작), 소금(약간), 국간장(2큰), 실파
(1뿌리), 붉은고추(약간)
만들기 1. 홍합살(100g)은 연하게 푼 소금물에
살살 흔들어 헹구고, 불린 미역(반공기)은 먹기
좋은 크기로 잘라주세요. 2. 달군 냄비에 참기름
(2작)을 두르고 홍합살과 불린 미역을 넣어 달달
볶다가 물(3컵)을 붓고 팔팔 끓여, 3. 미역이 푹
퍼지고 국물맛이 진하게 우러났다 싶으면, 국간
장(2큰)과 소금(약간)으로 간을 맞춰주세요. 4. 여
기에 밥(2공기)을 넣어 푹 끓인 후 그릇에 나누어
담고 송송 썬 실파와 붉은고추를 얹어내면, 홍합
미역국밥 완성!

미역오이냉국

미역오이냉국

축축 처지는 한여름 무더위. 입맛도 없고, 기운도 없고,
불 앞에서 요리를 한다는 것도 엄두가 안 나죠? 그럴 때 바로 요놈이 딱이랍니다.
가슴속까지 시원한 여름철 별미, 미역오이냉국!

재료(1인분)

주재료 오이(1/3개), 생미역(1/3컵)

미역양념 다진 마늘(1작), 국간장(1작),
　　　　고춧가루(반큰), 깨소금(1작), 참기름(1작)

냉국물 국간장(반큰), 설탕(반큰), 식초(1큰),
　　　　소금(반작), 물(1컵)

건미역을 쓰려면 물에 충분히 불려서
살짝 데쳐주면 생미역과 다름없이
신선하게 즐길 수 있어요.
건미역을 빨리 불리고 싶을 땐, 물에
설탕을 약간 타서 미역을 담가두세요.
그냥 맹물에 담가두는 것보다
빨리 불릴 수 있답니다.

만드는 법

1 생미역은 미역양념에 잘 버무려두세요.

2 냉국물도 만들어서 시원하게 냉장고에 넣어두시
　고요.

3 냉국물이 차가워지면, 거기에 오이(1/3개)를 채썰
　어 넣고,

4 1의 양념한 미역을 넣으면, 시원한 미역오이냉국
　완성!

냉국 퍼레이드

더운 날엔 얼음 동동 띄운 냉국만한 게 없더라고
요~

애호박냉국

재료 애호박, 소금, 녹말가루
만들기 1. 깨끗이 씻은 애호박을 채썰어 소금 1 :
물 3의 비율로 섞은 소금물에 10분 동안 절였다
가 물기를 꼭 짜주세요. 2. 거기에 녹말가루를
고루 입히고 여분의 가루는 털어낸 뒤, 3. 소금
을 약간 넣은 팔팔 끓는 물에 녹말가루 입힌 애
호박을 넣어 삶아주세요. 4. 삶은 애호박은 찬물
에 헹궈서 체에 밭쳐 물기를 뺀 뒤, 5. 준비한
애호박에 차가운 냉국물을 부어내면, 완성!

도토리묵냉국

재료 도토리묵, 김치, 파, 마늘, 간장, 설탕, 깨소
금, 참기름
만들기 1. 도토리묵을 흐르는 물에 깨끗이 씻은
뒤 채를 썰고, 2. 배추김치는 속을 대강 털어낸
뒤 곱게 채썰어, 3. 볼에 묵채와 김치채를 넣고
다진 파(2작), 간장(2작), 다진 마늘(1작), 참기름(1
작), 깨소금(1작), 설탕(반작)의 양념을 넣어 잘 무
쳐주세요. 4. 거기에 차갑게 해둔 냉국물을 부으
면, 완성!

울릉도는 홍합밥이 굉장히 유명하고, 서해와 남해를 중심으론 영양굴밥이 굉장히 인기지요.
별미밥을 좋아하시는 분들은 그 맛을 잊지 못하죠.
굴이나 홍합보다 더 싸고 쉽게 구할 수 있는 조개로 응용별미밥을 해봤어요.
바다 냄새가 물씬 나는, 조개밥을 한번 지어볼까요? ^^

재료(1인분)

주재료 불린 쌀(반컵), 바지락살(100g), 다진
        당근(2큰), 피망(옵션)

양념장 간장(2큰), 청주(1큰), 설탕(반큰), 참기름(1큰)

만드는 법

1 일단, 뚝배기가 필요하답니다. 조개밥의 풍미를
  살려주는 필수요소이지요. 마트에서 3,000원 정
  도면 구입할 수 있어요.

2 바지락살(100g)은 손질이 된 걸로 구입해서, 흐르
  는 물에 살짝만 씻어주세요.

3 바지락에 양념장 재료를 넣고 잘 섞어 냉장실에
  30분 정도 보관합니다.

4 다진 당근(2큰)을 불린 쌀(반컵)에 골고루 섞은 다
  음,

5 뚝배기에 잘 담아주세요. 여기에 파프리카나 피
  망은 엄지손톱만 한 크기로 썰어서 얹고, 보통
  밥하는 것보다는 조금 적은 양의 물을 부은 다
  음,

6 냉장실에 보관해두었던 3의 간장양념한 바지락
  을 마무리로 올리고 중불에서 밥을 지으면, 완성!

조개 요리를 하기 전에 알아두어야 할 몇 가지

조개는 봄철에
조개는 봄철 조개가 맛있어요. 겨우내 갯벌에서
통통하게 살이 올라 맛과 영양이 그만이랍니다.
양력 5월이 넘어가면 산란기가 시작돼 살집이
줄고 독소가 발생해 날로 먹을 수 없으니, 주의
하세요.

신선한 조개 구별법
● 껍데기가 단단하게 입을 다물고 있는 것.
● 들었을 때 묵직한 것.
● 조개끼리 부딪쳤을 때 맑은 소리가 나는 것.

해감 빼내기
조개 속의 소금기나 불순물을 '해감'이라고 하
는데, 조개 요리를 하기 전에 해감을 없애는 것
이 중요하답니다. 대합이나 모시조개는 소금물
에 담가두면 되고, 바지락이나 재첩조개는 맹물
에 담가두어야 합니다. 소금물의 경우, 바닷물과
비슷한 수준(물 5컵에 소금 2큰 가량)이 적당하고,
물의 분량은 조개가 살짝 잠길 정도면 됩니다.
한 가지 더! 조개를 넣은 그릇을 약간 어둡고 조
용한 곳에 놓아두면 해감을 더 잘 토해낸답니다.

시금치조갯살국

시
금
치
조
갯
살
국

간단하게 웰빙할 수 있는 방법! 몸에 좋은 시금치와 조갯살,
그리고 된장이 만나서 빚어내는 정겨운 맛, 시금치조갯살국!
국 없이 밥 못 먹는 분들께 강추!

재료(2인분)

주재료 시금치(150g), 조개(열댓개), 국멸치(7~8개),
된장(2큰), 다진 마늘(반작), 고춧가루(1큰),
물(2컵 반)

만드는 법

1 일단, 멸치국물을 만듭니다. 물(2컵 반)에 국멸치(7
~8개)를 넣고, 끓기 시작하면 5~8분 더 끓이다
가,

2 된장(2큰)을 풀어줍니다. 저는 된장 거름망에 풀
어서 된장콩이 없도록 했습니다.

3 여기에 깨끗이 씻은 시금치(150g)와 조개(열댓개)
를 넣고 팔팔 끓이다가,

4 조개의 입이 벌어지면 다진 마늘(반작), 고춧가루
(1큰)를 넣고 한소끔 더 끓여주면, 완성!

요리총각의 비법 전수

된장이 들어가기 때문에 특별히 소금을 넣지 않아도 된답니다. 그렇지만 혹 간이 밍숭밍숭하면 소금을 약간 넣어도 좋아요. 조개는 모시조개, 재첩, 바지락 등을 사용하세요.

요 리 총 각 의 밥 상

맑은조개국
시원하고 담백한 맛의 맑은조개국

재료 모시조개(7~8개), 죽순(1쪽), 대파(1뿌리), 레몬(1/4개), 소금(약간)
만들기 1. 모시조개(7~8개)는 연한 소금물에 담가 해감을 없애고, 죽순(1쪽)은
2cm의 빗살모양으로 썰고, 대파(1뿌리)는 어슷썰고, 레몬(1/4개)은 노란 껍질 부
분을 모양내서 썰어둡니다.

2. 찬물(1컵 반)에 모시조개를 넣고 한소끔 끓으면 면보에 물은 거르고 조개는 따로 두세요. 3. 걸러낸 조개국물만 냄비에 넣어 끓이다가, 국물이 끓으면 조개와 죽순을 넣고 소금으로 간을 한 뒤, 대파와 레몬 껍질을 넣으면, 시원한 맑은조개국 완성!

조개냉국
여름철에 차갑게 먹는 조개냉국

재료 모시조개(200g), 붉은고추(반개), 실파(2뿌리), 마늘(3쪽), 생강(1/4쪽), 물(5컵),
맛술(1작), 소금(약간)
만들기 1. 모시조개는 역시 연한 소금물에 담가 해감을 없애고, 씨를 뺀 붉은고
추(반개)와 실파(2뿌리)는 송송 썰고, 마늘(3쪽)은 곱게 채를 썹니다. 2. 냄비에 물
(5컵)을 붓고 팔팔 끓으면, 생강(1/4쪽)과 모시조개를 넣고 끓이다가, 거품이 생
기고 조개가 입을 벌리면 불을 끄고 면보에 밭쳐서 국물과 조개를 분리해주세
요. 3. 조개국물은 식혀서 맛술(1작)과 소금(약간)으로 간을 한 다음 냉장고에 넣
어 차갑게 해두세요. 4. 2의 조개는 찬물에 속까지 깨끗이 헹궈 모래가 없도록
한 다음, 5. 그릇에 조개를 담고 그 위에 실파, 붉은고추, 마늘채를 얹은 뒤, 차
갑게 해둔 조개국물을 부으면, 시원한 조개냉국 완성!

관자살구이

재료(1인분)

주재료 관자살(1개), 올리브유(또는 식용유)

소스 다진 피클(2큰), 꿀(또는 시럽 1큰), 다진
　　　마늘(1작), 소금(1/3작), 레몬즙(반큰)

조개구이의 백미라 할 수 있는 관자살!
요즘은 마트에서 편하게 구입할 수 있답니다.
바닷가의 그윽한 정취를 물씬 풍기는
관자살구이를 집에서 한번 만들어보아요!
살이 통통하게 오른 쫄깃한 관자살이
새콤달콤한 소스를 만나 더 맛있어졌답니다~^^

만드는 법

1 살이 토실한 관자살(1개)을 준비합니다. 조개 냄
　새가 싫으신 분은 청주(1큰)에 살짝 재워두셔도
　좋아요.

2 올리브유를 바른 구이용 석쇠에 관자살을 올리고
　앞뒤로 겉만 익을 정도로 살짝 구워줍니다. 너무
　오래 구우면 속살이 터져버리니 조심하세요.

3 분량의 재료를 잘 섞어서 소스를 만들어주세요.

4 2의 석쇠에 한번 구워낸 관자살을 올리브유를 두
　른 팬에서 노릇하게 한번 더 구워낸 후에, 소스
　를 끼얹으면, 완성!

해조샐러드

재료(1인분)

주재료 해조(150g), 양파(1/4개), 방울토마토(3~4개)

사과레몬드레싱 사과 간 것(3큰), 레몬즙(2큰), 다진
마늘(반작), 설탕(2큰), 식초(1큰)

바다의 야채로 불리는 해조! 풍부한 미네랄에 철분, 칼슘, 비타민까지!
정말 영양 만점이죠. 게다가 칼로리가 낮아 다이어트 식품이면서,
피부 미용에도 아주 좋은 식품이랍니다.
저는 해조의 향긋한 바다향과 오돌오돌 씹는 질감을 좋아한답니다.
자, 해조샐러드로 이제부턴 맛있게 예뻐지세요!

**요리총각의
비법 전수**

요즘은 마트에서
해조샐러드용으로 먹기 좋게
포장해서 판매하고 있더라고요.
가격도 적당하고 혼자 먹기에
양도 적당하니, 포장된
해조샐러드 팩을 이용하는 것도
좋은 방법이지요. ^^

만드는 법

1 해조에는 미역, 다시마, 톳 등이 있습니다. 다양
하게 섞어서 150g 정도를 볼에 담아 준비해두세
요.

2 분량의 재료를 잘 섞어서 드레싱을 만들어두세
요.

3 해조에 채썬 양파(1/4개)를 얹어서 접시에 담아내
고,

4 그 위 방울토마토를 얹은 뒤, 사과레몬드레싱을
끼얹으면, 완성!

참소라샐러드

재료(1인분)

주재료　삶은 소라(200g), 오이(반개), 당근(반개),
　　　　양파(1/4개), 피망(반개), 소금(1큰)

겨자소스　머스터드(3큰), 마요네즈(2큰),
　　　　레몬즙(반큰), 소금(반작), 후추(1/3작)

소라 껍데기를 귀에 대고 놀던 기억나세요?
어릴 적, 아빠가 소라를 귀에 대주시면 그 속에서 들리는 바닷소리에
소라 껍데기 안에 바다가 있다고 생각하곤 했어요.
지금도 그 기억은 저를 참 즐겁게 해주네요. 사실 어른이 되어서는
소라 껍데기 안에 들어 있는 내용물에 더 관심이 가지만요~^^;;

만드는 법

1 소라(200g)는 껍데기째로 붙어 있는 걸 사면 좋
　겠지만, 보통은 껍데기를 떼고 팔더라고요. 소라
　살이 단단한 것으로 사셔서 내장을 제거하고 잘
　저며줍니다.

2 끓는 물에 소금(1큰)을 넣고, 저며 놓은 소라를
　1분 안쪽으로 살짝 데쳐주세요.

3 분량의 재료를 잘 섞어 겨자소스를 만듭니다.

4 오이(반개), 당근(반개), 양파(1/4개), 피망(반개)을 먹
　기 좋은 크기로 잘라서, 데친 소라와 함께 그릇
　에 올리고, 그 위에 겨자소스를 뿌리면, 완성!

**요리총각의
비법 전수**

소라는 오래 삶으면 질겨서
먹기 힘드니, 살짝 데친다는
느낌으로 삶아주세요.

나만의 샐러드와 음료수

단호박샐러드

단 호 박 샐 러 드

달고 부드러운 단호박, 노란색이 입맛을 돋워주고 비타민에 섬유질, 칼슘과 철분도 풍부한데다
비만을 예방하고 이뇨작용을 도와 다이어트에도 도움이 되는 건강식품!
신은 공평하다! 못생긴 호박이지만 그 영양가와 맛만은 단연 최고!
나를 위한 특제 웰빙 샐러드! 준비해볼까요?

주재료 단호박(중간크기로 반개), 사과(반개),
         건포도(2큰), 산딸기(반컵), 설탕(2큰),
         마요네즈(2큰), 소금(반큰)

만드는 법

1 사과(반개)를 준비합니다. 붉은 빛에 윤기가 흐르
   고 단단한 것이 좋아요. 깨끗이 씻어서 먹기 좋
   은 크기로 썰어두세요.

2 단호박(중간크기로 반개)은 마트에 가면 반으로 잘
   라 놓은 것을 팔고 있습니다. 겉에 상처가 나지
   않은 매끈하고 모양 반듯한 것으로 고르세요.

3 사실 산딸기는 제철에만 먹을 수 있죠. 산딸기를
   구하기 어려우면, 건포도나 방울토마토, 견과류
   등으로 대체해도 좋아요.

4 단호박은 껍질을 벗기고, 찜기에 올려서 쪄주세
   요. 젓가락으로 찔러서 쉽게 들어갈 때까지 쪄주
   시면 됩니다.

5 다 찐 단호박에 설탕(2큰)을 뿌리고 뜨거울 때
   체에 받쳐 내립니다.

6 부드러운 단호박에 마요네즈(2큰), 건포도(2큰), 사
   과, 소금(반큰)을 넣고 잘 섞어주면, 완성!

단호박쉐이크
재료 단호박(1/4개), 우유(1컵 반), 꿀(1작)
만들기 1. 단호박(1/4개)은 껍질 벗겨서 쪄주시고
요. 2. 믹서에 찐 단호박, 우유(1컵 반), 꿀(1작)을
넣어서 갈아주면, 달달하고 맛있는 단호박쉐이
크, 완성!

단호박죽
재료 단호박(1/4개), 찹쌀가루(8큰), 소금(1/3작), 물
(5컵)
만들기 1. 껍질을 벗긴 단호박을 냄비에 넣고 물
(4컵)을 부어 푹 삶은 다음 체에 내려주세요. 2.
체에 내린 단호박을 끓이다가 끓기 시작하면 약한
불에서 30분 동안 끓여주세요. 3. 찹쌀가루(8큰)
에 물(8큰)을 넣고 섞어서 찹쌀물을 만들어주세
요. 4. 1의 끓인 단호박에 2의 찹쌀물을 넣어 걸
쭉하게 만들어서, 설탕과 소금으로 간하면, 완성!

콘샐러드

콘
샐
러
드

KFC에 가면 꼭 함께 먹어줘야 하는 콘샐러드!
그런데 언제나 그 감질나는 양에 늘 아쉬웠죠.
한 숟가락 뜰 때마다 팍팍 줄어드는 콘샐러드를 보면서 가슴 아파했던 기억-_-;
그 아픈 가슴, 제가 치유해드릴게요 ~^^
아주 저렴한 가격에 맛있는 콘샐러드가 푸짐!

주재료 옥수수통조림(작은 것 1통), 설탕(1큰),
        식초(1큰), 소금(1작), 다진 양파(1/4개),
        푸른 피망(1개), 붉은 피망(1개), 후추(약간),
        마요네즈

만드는 법

1 옥수수통조림의 내용물을 체에 밭쳐 물기를 제거
  해주세요.

2 양파(1/4개)와 붉은 피망(1개), 푸른 피망(1개)을 굵
  직하게 다져서 1의 통조림옥수수와 섞은 다음,

3 설탕(1큰)과 식초(1큰), 소금(1작), 후추(약간)를 넣고
  잘 섞어서 냉장고 넣어 차게 해두었다가,

4 드실 때마다 필요한 양을 덜어 마요네즈를 약간
  넣어 잘 비비면, 완성!

남은 옥수수통조림으로 무얼 만들어 먹을까?

옥수수치즈요리
재료 옥수수통조림, 버터, 피자치즈(또는 슬라이스
치즈)
만들기 1. 달군 팬에 버터를 골고루 녹인 뒤, 옥
수수통조림을 넣어서 물기가 다 증발할 때까지
볶아주세요. 2. 물기가 다 증발하면, 불을 1단계
줄인 뒤 피자치즈를 골고루 뿌려주세요.(아니면
그냥 슬라이스 치즈를 얹어도 돼요.) 3. 치즈가 대략
녹으면 불을 끄고, 맛있게 냠냠!

옥수수치즈구이
재료 옥수수통조림, 당근, 햄, 맛살(이 외에 넣고
싶은 거 다 넣어도 돼요), 피자치즈
만들기 1. 옥수수통조림은 키친 타월이나 마른
행주에 싸서 물기를 빼두고, 2. 당근은 잘게 다져
서 연한 소금물에 데쳐낸 뒤 역시 물기를 없애두
세요. 3. 햄이랑 맛살도 잘게 다져서 팬에 살짝
볶아주세요. 4. 그릇에 옥수수, 당근, 햄, 맛살을
넣고 마요네즈에 잘 버무린 다음, 5. 그 위에 피
자치즈를 얹어 대략 2분 정도, 치즈가 녹을 만큼
전자레인지에 돌려주면, 완성!

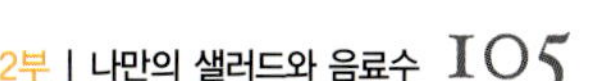

연어샐러드

연 어 샐 러 드

사람들이 그러더라구요. 저는 '회' 얘기만 나오면 눈이 반짝반짝해진대요.
그렇답니다! 저는 그 비싼 회를 무지하게 좋아한답니다. 그 중에서도 입안에서 부드럽게 사르르 녹는
연어회 앞에서는 정신을 잃을 정도죠.-_-;
회가 무지 먹고 싶은데 주머니는 얄팍할 때, 마트에서 비교적 저렴하게 산 연어로
샐러드를 해먹는답니다. 럭셔리해 보이는 연어샐러드, 싸게 즐겨보자구요~^^

재료(2인분)

주재료 연어(1손), 양상추(1/4통), 파프리카(1개),
　　　　적채(약간), 다양한 과일

드레싱 겨자(2작), 레몬즙(2큰), 꿀(3큰),
　　　　올리브유(2큰), 화이트와인(또는 사이다 1큰)

만드는 법

1 연어를 먹기 좋게 썰어 놓으세요.

2 분량의 재료를 잘 섞어 드레싱을 만들어주세요.
　믹서에 넣고 한번 돌리면 올리브유가 다른 재료
　에 잘 융합된답니다.

3 양상추는 찢고, 파프리카(1개)와 적채(약간)는 채썰
　고, 과일은 좋아하는 것으로 적당히 준비해서, 모
　두 볼에 담아내고 1의 연어를 올린 다음,

4 드레싱을 뿌려 잘 섞으면, 완성!

요 리 총 각 의 밥 상

회로 먹기 싫으신 분은 이렇게 만들어보세요.

연어버터구이

재료 연어, 소금, 후추, 레몬즙, 버터
만들기 1. 연어는 깨끗이 씻어 4토막 낸 뒤, 소
금, 후추, 레몬즙을 뿌려 1시간 정도 재워두세요.
2. 버터는 중탕하여 녹여주세요. 밥공기에 버터
를 넣은 뒤, 물을 조금 부은 냄비에 밥공기를 올
려 간접적으로 버터를 녹이면 됩니다. 3. 팬을
적당히 달군 다음 연어를 놓고 2의 중탕한 버터
를 붓으로 골고루 발라 앞뒤로 잘 구운 다음 다
시 한번 버터를 바르고 구워주면, 연어버터구이
완성!

매실원사과주스

매
실
원
사
과
주
스

여름만 되면 아침에 배가 살살 아팠던 경험 있으세요?
더우니까 선풍기 틀어놓고 이불은 전혀 덮지 않고 자다가 그렇게 되는 거죠.
저도 여름에 그런 증상으로 한때 아침 출근길이 괴로웠던 기억이 있답니다.
(지하철 타고 가다가 중간에 내려서 허겁지겁 화장실을 찾아 달렸던 기억 -_-;)
그런데 봄의 끝물, 매실이 무르익어가는 어느 날 큰맘 먹고 만든 '이 녀석'을 복용하고서부터는…
아침이 상쾌하기 그지없답니다. ^^

만드는 법

1 매실원 만드는 법을 먼저 설명할게요. 매실은 꼭
지를 이쑤시개로 딴 다음 깨끗이 씻어서 하루 정
도 응달에 말려서 사용합니다. 응달에 잘 말린
매실(1kg)과 설탕(1kg)을 밀폐용기에 담아 1달 정
도 그늘지고 서늘한 곳에서 보관하면 매실원이
만들어진답니다.
잘 담가 놓은 매실원에서 매실과 매실원액을 분
리해서, 각각 따로 담아둡니다.

1

3

2

2 매실원액(4큰)에 찬물(4큰)을 섞어주세요.

3 사과(1개)를 준비해서,

4 갈아서 즙을 내주세요. 이 사과즙과 2의 매실원
을 잘 섞어 냉장고에 시원하게 보관했다가 드시
면, 달콤시원한 매실원사과주스 완성!

4

요 리 총 각 의 밥 상

매실원 만들고 난 매실로 이렇게 밑반찬을 만들어
보았어요.

매실장아찌고추장무침

재료 매실원 매실(7개), 고추장(반큰), 참기름(1작), 깨
소금(1작)

만들기 1. 매실원을 만들어서 원액은 따로 분리해
서 보관하고, 남은 매실 중 쭈글쭈글한 놈들로 7개
만 골라냅니다. 나머진 아침마다 하나씩 드시면 장
에 정말 좋아요! >〈 2. 매실의 씨를 빼고 먹기 좋
은 크기로 썰어서, 3. 여기에 고추장(반큰), 참기름(1
작), 깨소금(1작)을 넣고 잘 버무려주면, 완성!

1

2

3

토마토꿀주스

재료 (2인분)

주재료 토마토(중간크기로 3개), 꿀(2큰),
사이다(1/3캔)

전 그냥맨 토마토는 잘 안 먹게 되더라구요.
토마토가 몸에 좋은 건 아는데…
맛있게 먹을 방법이 없을까 생각하다가,
토마토주스를 해먹기 시작했답니다. 토마토에 꿀을 살짝 곁들이고
얼음을 갈아 넣어 시원하게 마시면… 크아~)_(d
밖에서 비싸게 파는 생과일주스 하나도 부럽지 않아요 ~^^

만드는 법

1 토마토(3개)는 중간크기로 준비하여 깨끗이 씻어
주세요.

2 믹서기에 토마토를 잘라 넣고 꿀(2큰)을 첨가해서
한번 갈아줍니다.

3 여기에 사이다(1/3캔)를 붓고,

4 얼음 간 걸 넣어, 시원하게 꿀꺽꿀꺽!

오미자화채

재료(2인분)

주재료 오미자(1컵), 물(8컵), 꿀(또는 설탕), 배(또는 수박)

오미자는 시고, 달고, 짜고, 쓰고, 떫은 다섯가지 맛이 난다고 해서 붙여진 이름이라지요. 오미자는 땀을 그치게 하고 갈증을 해소하는 데 효과가 있어서, 옛날부터 우리 조상님들이 많이 만들어 먹던 여름철 전통 청량음료랍니다. 새콤한 오미자화채로 여름철 잃었던 입맛도 되찾고 뜨거운 갈증도 시원하게 풀어버리세요.^^

만드는 법

1 오미자는 건조시켜 판매하고 있답니다. 색깔이 검붉지만 붉은 기가 더 많이 돌죠. 오미자(1컵)를 깨끗이 씻어서,

2 끓였다 식힌 물(8컵, 또는 정수기 물을 바로 사용해도 괜찮아요)을 큰 볼에 붓고 오미자를 넣어 하룻밤 (약 12시간 정도) 동안 담가두세요. 먼지나 벌레가 들어가지 못하게 뚜껑을 잘 덮어두시고요.

3 하룻밤이 지나면, 이렇게 아름다운 색깔의 오미 자차가 완성된답니다. 색깔 참 이쁘죠?

4 먹을 만큼의 분량을 덜어내서 꿀이나 설탕을 적 당히 조절해서 타주시고, 배나 수박을 먹기 좋은 크기로 썰어서 동동 띄우고, 시원한 얼음을 넣어 한잔 시원하게!^^ 잣을 함께 띄워도 좋아요.

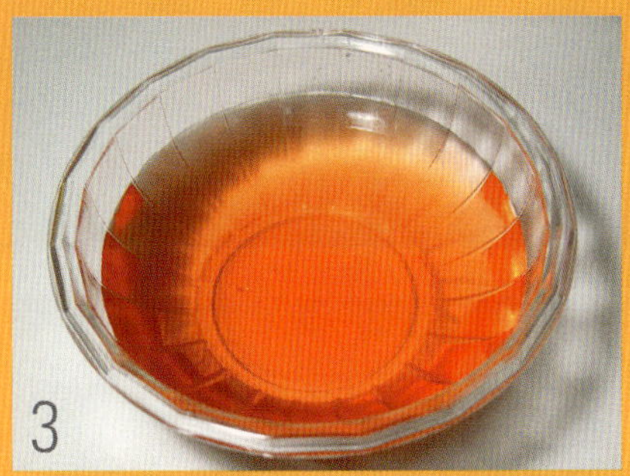

무더운 여름철을 나는 저만의 특별한 건강 비법이 있답니다.
몸에 좋은 전통차를 만들어서 자주 마시는 거예요. 혼자 살다 보면 먹는 게 확실히 부실하잖아요.
특히나 여름에는 다른 때보다 더 지치고 피곤하고 늘어지더라고요.
싸고 손쉬우면서도 몸보신하기 좋은 요리가 뭐가 없을까 궁리하다 생각해낸 게 바로
'나만의 건강차'랍니다. 넉넉히 만들어서 친구나 동료에게 한병씩 선물해도 좋고요.
수삼보다 몸에 더 좋은 홍삼으로 차를 만들어보았어요. 이거 하나면,
무더운 한여름도 거뜬히 날 수 있답니다~ ^^

주재료 홍삼(1뿌리), 대추(10개), 물(2L)

만드는 법

1 홍삼은 홍삼 전문 판매점이나 경동시장에서 구입
하세요. 가격은 시세에 따라 다르지만, 수삼보다
는 꽤 비싼 편이긴 합니다.(몸에 좋으니, 술 한잔 덜
마시고 여기에 투자하세요.^^)

2 대추는 국내산 대추를 구입하셔서, 깨끗이 씻어
두세요.

3 홍삼(1뿌리)과 대추(10개)를 물(1L)에 넣어, 은은한
불에 2시간 동안 우려냅니다. 이 초벌 홍삼대추
차는 일단 다른 곳에 따라두세요.

4 물(1L)을 다시 붓고 한번 더 2시간 동안 은은히
끓여줍니다. 이렇게 재탕한 홍삼대추차와 별도로
따라둔 3의 초벌 홍삼대추차를 섞어주면, 내 건
강을 책임져줄 홍삼대추차 완성! 냉장고에 넣어
시원하게 드셔도 되고, 따뜻하게 해서 드셔도 좋
답니다. 꿀을 섞어 드셔도 좋아요.

수삼꿀우유

재료(1인분)

주재료 수삼(6년산 큰 것 1뿌리), 우유(1컵), 꿀(3큰)

내 몸을 조금이라도 아끼고 싶은 마음, 저도 나이 먹으면서 점점 절실해지더라고요.
제가 가장 간편하게 이용하는 영양식이 바로 건강 음료수랍니다. 저는 겨울에 추위를
엄청 타는데, 삼이 좋다는 말을 듣고 꾸준히 만들어 마시고 있는 게 바로 수삼꿀우유입니다.
맛도 좋고 몸에도 좋은 수삼꿀우유로 겨울을 씩씩하게 나봅시다! ^^

만드는 법

1 수삼은 6년근 또는 5년근으로 준비하셔서 잔뿌
리는 모두 제거하고, 깨끗이 씻어주세요.

2 믹서에 수삼(1뿌리)을 잘라 넣고 꿀(3큰)을 섞은
다음,

3 거기에 우유(1컵)를 붓고 잘 갈아주면, 수삼꿀우
유 완성! 입이 넓은 잔에 담거나 그릇에 담아 숟
가락으로 떠서 드시면 된답니다.

구기자차

재료(1인분)

주재료 구기자(2줌), 물(4컵)

'피로회복' 하면 떠오르는 강장제가 바로 '박카스'죠?
그런데 집에서 간편하고 믿을 수 있는 피로회복제를 만들어 먹을 수 있다는 사실 아세요?
피로회복을 위한 나만의 건강차, 바로 구기자차랍니다!
폐와 신장을 좋게 하고 피로회복에 좋은 구기자차!
운동 후에 시원하게 한잔 마셔도 좋겠죠? ^^

만드는 법

1 구기자(2줌)를 흐르는 물에 씻어 채반에 밭쳐두세요.

2 주전자에 물(4컵)을 붓고 깨끗이 씻은 구기자를 넣고
   은은한 불에 20분간 끓여내면, 구기자차 완성!

황기차

재료(1인분)

주재료 황기(20g), 물(1L), 감초(2쪽), 대추(1개)

만드는 법

1 요즘엔 황기도 조금 큰 슈퍼마켓에서 파는 것을 보았답니다. 그만큼 대중화되었어요. 가격도 싸고요.

2 황기(20g)와 대추(1개), 감초(2쪽)를 준비해서 깨끗이 씻어둡니다.

3 물(1L)에 황기, 대추, 감초를 넣고 중불에 30분 정도 우려내면, 황기차 완성!

감초차

재료 (1인분)

주재료　감초(반줌), 물(1L), 대추(3~4개)

단맛이 은은하게 배어나오는 감초차 한잔!
감초는 갖가지 독을 푸는 데 뛰어난 효과가 있대요.
감초차 한잔으로, 공해로 쌓인 체내 독소를 풀어버리고
건강해지자고요 ~^^

만드는 법

1　감초는 한약방이나 경동시장에서 구입하세요.
　1되에 4,000원 정도 한답니다.

2　물(1L)에 깨끗이 씻은 감초(반줌)와 대추(3~4개)를
　넣고 중불에서 기포가 생길 때까지 끓여주다가,

3　기포가 생기면 은은한 불에 진한 색이 우러나올
　때까지 달이듯 끓이면, 달달한 감초차 완성!

**요리총각의
비법 전수**

감초는 자주 드시는 차가
아니랍니다. 장기복용하면
오히려 여러 부작용이 나타날
수 있어요. 가끔 감초차의
은은한 향기가 생각날 때
끓여 드세요.^^

라면을
사랑해요

사진 1 아, 라면 없인 못 살아! 전 라면과 사랑에 빠졌나 봐요~ *^^*

사진 2 얼큰이라멘

사진 3 아이스라멘
　　제가 개발했던 얼음라면은 말 그대로 얼음을 동동 띄운 라면이었답니다. 라면스프를 조금 연하게 풀어서 차갑게 식힌 다음, 식초와 설탕을 넣어서 얼음을 띄웠지요. 그런데 이 집의 아이스라멘은 얼음을 빙수처럼 곱게 갈아서 얹어주더군요. 달짝지근한 간장으로 국물맛을 내서 맵지도 짜지도 않으면서 국물맛도 더할 나위 없이 시원했고요. 화학스프를 이용한데다 엉성하게 얼음 동동 띄운 제 얼음라면은 참패를 당할 수밖에 없었던 겁니다. ㅜ.-

제가 자취를 했다는 건 잘 아시죠? 불쌍한 놈이에요. ㅜ.-
그때부터 라면을 좋아했답니다. 물론 어릴 때도 라면을 색다르게 요리해보곤 했지만, 그땐 자금의 압박과 조미료에 대한 무지함 때문에 한계가 있었죠. 그런데 나이를 먹고 직장을 다니다 보니 상황이 좀 달라지더라고요. 일단 몇 가지 재료를 살 돈도 좀 있고 조미료에 대한 기본적인 상식도 생기면서, 여러가지 라면요리들이 창작되기 시작했답니다. 마늘라면, 얼음라면, 삼색라면, 라면오이무침(대체 이게 뭐냐고!)….

어쨌든, 저에겐 라면 없는 MT, 라면 없는 야근, 라면 없는 자취, 라면 없는 학교는 상상할 수도 없을 정도예요. 어찌 보면 이런 게 사랑이란 감정 아닐까요? >_<

그러다 어느 날 라면의 원조가 일본이라는 걸 알게 되었어요. @_@ 띠용~

맙소사! 이건 마치, 일본인이 김치가 어느 나라 음식인지도 모르고 기무치를 먹었던 거나 같은 꼴이었던 겁니다! 물론 우리나라 라면이 세계적으로 더 유명하기 때문이기도 하겠지만 말이에요. 으쓱~^^ 아무튼, 요리총각으로서 전통의 일본 라멘을 먹어보고 싶은 건 당연한 노릇! 결국 혜화동의 한 라멘집에 이르게 되었고 일본 라멘을 먹어보게 되었죠. 시식 결과, '우리나라 라면이 일본 라멘보다 훨씬 더 맛있다!' 였답니다. 그런데 우리나라에선 제가 최초로 개발했다고 자부하고 있던 '얼음라면'을 라멘집에서 팔더라고요. 맛도 제 것보다 더 맛있다는 건 인정하고 말았답니다.ㅜ.ㅡ

가장 한국적이면서도 일본틱한 라면을 한번 만들어보았어요. '틈새라면'으로 잘 알려진 빨개떡과 비슷한 라면이지만, 천연 다시를 우려내서 깊은 맛을 강조한 라면이랍니다. 살짝 레시피를 공개할게요. 이름하야 '빨개쵝오라면'이랍니다~ ^^

빨개쵝오라면

재료

소고기(20g), 표고버섯(1개), 붉은고추(반개), 풋고추(반개), 대파(1/4뿌리), 숙주나물(1줌), 마늘(2쪽), 무(2cm), 부추(10g), 완두콩(5알), 다시마(2장), 다시다(1작), 설탕(반큰), 소금(약간), 후추(약간)

만들기

1 재료를 잘 씻어서 손질해주세요. 소고기(20g), 부추(20g)는 먹기 좋은 크기로 적당히 썰고, 붉은고추(반개)와 풋고추(반개), 대파(1/4뿌리)는 어슷썰고, 마늘(2개)은 편으로, 무(2cm)는 굵게 채썰어주세요.

2 소고기(20g), 표고버섯(1개), 마늘(2쪽), 무(2cm), 다시마(2장)를 넣고 끓이다가 물이 끓기 시작하면 5분 정도 더 끓여서 육수를 만들고,

3 여기에 고추장(1큰), 다시다(1작), 설탕(반큰), 소금(약간), 후추(약간)로 간을 합니다.

4 그리고 라면을 넣고 3분간 끓이다가, 숙주나물(1줌)을 넣어 센불에서 30초가 넘지 않게 재빨리 한번 끓여내세요.

5 그릇에 담아내고, 위에 고명을 올리면, 깊은 맛의 빨개쵝오라면 완성! 고명은 파, 표고버섯, 고추, 소고기 등 취향껏 올려서 드시면 된답니다~ ^^

단백질을 보충하자

닭고기

저는 닭고기를 좋아한답니다.
그래서 닭으로 만든 요리는 일단 도전해보죠.
다양한 도전과 실험의 결과,
요리총각 강추 닭요리만을 엄선했습니다~^^

돼지고기 · 소고기

단백질 좀 보충해야겠다 싶으면 늘상 메뉴가
삼겹살뿐이었다고요? 돼지고기와 소고기로 쉽고 맛있게
해먹을 수 있는 요리가 얼마나 많은데요!
알짜 레시피만 모아서 공개합니다.^^

생선

생선으로 할 수 있는 대표적인 3가지 요리법!
바로 '찌개', '찜', '구이'죠!
이것만 알아두면 다양한 응용이 가능하니,
이 3가지만 제대로 배워두자고요 !^^

닭고기

냉채라곤 해파리냉채가 전부인 줄 알고 살았는데,
〈대장금〉에 나온 닭냉채를 보고, "와! 저거다!"라고 외쳤답니다! ^^
이젠 텔레비전을 봐도 요리하는 장면만 눈에 쏙쏙 들어오니, 완전히 요리총각 다 됐죠?^^
무더운 여름에 시원하게 입맛 돋우면서 단백질까지 공급해주는 맛있는 닭냉채!
한번 해보자구요, 정말 쉽답니다!

재료(2인분)

주재료 닭(반마리), 대파(1뿌리), 매실(1개), 마늘(2쪽),
채 썬 당근(반줌), 채 썬 오이(반줌),
계란지단(반줌)

냉채소스 다진 마늘(반큰), 다진 파(1큰), 식초(1큰),
소금(1작), 설탕(1큰), 간장(1/3큰)

만드는 법

1 닭(반마리)은 대파(1뿌리)와 매실(1개), 마늘(2쪽)을
함께 넣고 닭이 충분히 잠길 정도로 물을 부어,
15~20분 정도 푹 삶아주세요.

2 닭이 익고 있는 동안 계란지단을 부칩니다. 계란
노른자(또는 흰자)를 부쳐서 식힌 뒤 채를 썰어주
세요.

3 익은 닭은 식혀서 살점을 먹기 좋게 찢어주세요.

4 분량의 재료를 한데 잘 섞어서 냉채소스를 만든
다음, 냉장고에 넣어 차게 해두세요.

5 당근과 오이는 채를 썰어, 2의 계란지단과 함께
준비해서,

6 가운데 닭고기를 올리고 주위에 당근과 오이, 계
란지단을 두릅니다. 먹기 직전에 시원한 냉채소
스를 뿌리면, 완성!

요 리 총 각 의 밥 상

겨자소스
톡 쏘는 겨자의 맛이 부드러운 닭살과 아삭한 야
채와 잘 어울려요.

겨자(반작. 겨자는 시중에 나와 있는 튜브형을 사용하
시면 간편해요), 설탕(2작), 식초(2작), 닭육수(1/4컵),
우유(1/4컵)을 잘 섞고 소금(반작)과 후추(약간)로
간을 하면, 겨자소스 완성!

오이맛살냉채
아삭한 오이에 짭짤한 맛살을 새콤달콤한 겨자소
스에 버무려 보세요.

만들기 1. 오이는 채썰어서 소금에 10분 정도 절
인 뒤, 절인 오이를 키친타월로 싸서 물기를 꼭
짜주세요. 2. 맛살은 쪽쪽 찢어주시고요. 3. 냉장
고에 있는 야채들은 다 채썰어서, 오이, 맛살, 야
채들을 겨자소스에 버무려내면, 완성!

콩나물냉채
만들기 콩나물 머리와 꼬리를 다듬어 살짝 데쳐
서 오이, 당근과 함께 겨자소스에 버무려도 아삭
아삭 맛있어요. 칵테일 새우가 있으면 새우 내장
을 제거하고 데쳐서 껍질 벗겨내고 함께 버무려
도 좋답니다.^^

**새콤달콤 개운한 맛,
한번 먹으면 종독되는
초계탕**

삼계탕은 많이들 아시지만 초계탕은 잘 모르시는 분들도 많을 거예요.
닭고기에 갖은 양념해서 시원한 육수에 야채와 함께 먹는 일종의 양념닭국인데요,
초계탕은 옛날 궁종에서만 요리되던 음식일 정도로 영양도 맛도 아주 끝내준답니다.
우연한 기회에 초계탕을 맛본 뒤로, 삼계탕은 찬밥이 돼버렸어요. 삼계탕처럼 한약냄새도 안 나면서
국물 개운하고 야채와 함께 건져 먹는 시원한 닭고기 맛이 아주 일품이거든요!)_(d

주재료 닭다리(2개), 닭가슴살(1개), 오이(반개),
       숙주나물(1줌), 대파(1뿌리), 마늘(2쪽),
       월계수잎(2장)

고기양념 다진 파(1큰), 다진 마늘(1작), 설탕(1작),
        간장(1큰), 후추(약간)

국물양념 깨소금(1작), 국간장(1큰), 식초(1큰),
        겨자(반큰), 설탕(반큰)

만드는 법

1 물(2~3컵)에 닭고기와 대파(1뿌리), 마늘(2쪽), 월계
  수잎(2장)을 넣고 15~20분 정도 푹 삶아주세요.

2 닭이 익는 동안 국물양념을 만들어두세요.

3 1의 국물이 보얗게 우러나면 체에 밭쳐 닭고기는
  건져내고,

4 육수는 면보에 걸러서 기름을 제거하고 냉장보관
  해두세요.

5 닭고기는 식힌 다음 먹기 좋게 찢어서,

6 고기양념을 해서 오물조물 잘 묻혀주세요.

7 육수가 시원해졌으면 거기에 국물양념을 잘 섞어
  주면, 육수 완성!

8 뜨거운 물에 살짝 데친 숙주나물(1줌)을 찬물에
  헹궈 육수 밑에 깔아주고, 양념한 닭고기와 오이
  채를 올린 뒤 얼음을 동동 띄우면, 시원하고 맛
  있는 초계탕 완성!^^

닭매운탕

닭도리탕의 '도리'는 일본말이라고 합니다.
우리나라 정식 명칭은 '닭매운탕'이라고 하니 앞으로 그렇게 불러주세요~
닭매운탕의 닭도 닭이지만, 양념 잘 배어 포근포근하게 익은 감자만 보면,)_(d
밥이 그냥 넘어가요! ^^

재료 (2인분)

주재료 닭(1마리), 감자(2개), 당근(1개), 양파(1개),
붉은고추(1개), 풋고추(1개), 식용유

양념장 다진 파(3큰), 다진 마늘(2큰), 국간장(1큰), 참기름(1큰),
깨소금(1큰), 물엿(1큰), 고춧가루(2큰), 고추장(1큰), 후추

만드는 법

1 감자(2개)는 껍질을 벗기고 찬물에 담가 녹말을
제거해주세요.

2 닭고기(1마리)는 먹기 좋은 크기로 잘라주세요. 소
금(1큰)과 후추(1작)로 밑간을 해주세요.

3 분량의 재료를 잘 섞어서 양념장을 준비해두세
요.

4 큰 팬에 식용유를 두르고 뜨겁게 열이 오르면 닭
을 넣고 겉이 노릇하게 될 때까지 구워주세요.

5 다른 팬에 식용유를 두르고 4등분한 감자(2개)와
먹기 좋게 자른 당근(1개)을 볶아주다가,

6 이걸 4에 넣고 재료들이 물에 살짝 잠길 정도로
물을 부은 뒤 한번 끓여주세요.

7 여기에, 큼직하게 썬 양파(1개)와 양념장을 함께
넣고 계속 끓여줍니다.

8 보글보글 끓으면 어슷썬 붉은고추(1개)와 풋고추(1
개)를 넣고 감자가 충분히 익을 때까지 익혀주면,
완성!

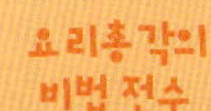

요 리 총 각 의 밥 상

닭갈비
끓이면 닭매운탕, 볶으면 닭갈비가 되죠.
재료(3인분) 닭(300g), 고구마(반개), 양배추(1/4
개), 양파(반개), 가래떡, 깻잎(5~6장)
양념장 고추장(2큰), 고춧가루(1큰), 설탕(2큰), 간
장(2큰), 깨소금(1큰), 생강즙(1큰), 참기름(약간)
만들기 1. 닭은 뼈가 없는 안심살이나 가슴살로
준비해서 먹기 좋은 크기로 썰어서, 2. 양념장에
닭을 재워놓고, 3. 양배추는 단단한 심을 제거하
고 한입 크기로 썰고, 고구마는 얄팍하게 저미
고, 양파는 굵게 채썰어주세요. 4. 넓은 팬에 기
름을 두른 후 양념장에 재운 닭을 볶아내다가,
썰어놓은 각종 야채도 넣어서 함께 볶으세요. 이
때 센불에서 재빨리 볶아내는 게 포인트입니다.
5. 닭이 거의 익으면 마지막으로 깻잎을 넣고 살
짝 볶아내면, 완성!

안동찜닭

안
동
찜
닭

어느날 혜성처럼 등장한 안동찜닭. 반짝 유행일 거라 생각했는데, 웬걸요,
요즘도 한번 먹으러 가보면 사람들로 꽤나 북적거리더군요.
몇 년 전까지만 해도 별로 알려지지 않았던 찜닭이 이렇게까지 유행하게 된 이유가 뭔지
개인적으로 정말 궁금했는데, 안동찜닭을 직접 만들어 먹어보면서 한가지를 알게 되었답니다.
요리 과정이 간단하면서도 맛도 있다는 사실을요!
자, 안동찜닭, 이제 나가서 사먹지 맙시다~^^

재료 (1인분)

주재료 닭(반마리), 청주(1큰), 감자(1개), 당근(반개),
당면(2~3줌), 표고버섯(2개), 양배추(1/4개),
양파(1개), 대파(1뿌리), 밀가루(3큰), 후추(약간)

양념장 간장(반컵), 물엿(3큰), 청양고추(3개),
설탕(1큰), 다진 생강(반작), 다진 마늘(1큰),
후추(1/3작), 물(2컵 반)

만드는 법

1 손질된 닭(반마리)을 사서 찬물에 담가두어 핏물
을 빼고, 청주(1큰)와 후추(반작)로 밑간을 해두세
요.

2 분량의 재료를 잘 섞어서 양념장을 만듭니다.

3 당근(반개)과 감자(1개), 양파(1/4개)를 먹기 좋게
썰어두세요.

4 기름을 두른 넓은 팬에 감자와 당근을 먼저 넣고
감자의 겉이 살짝 노릇해질 때까지 익히다가,

5 준비한 닭을 넣고 양념장을 끼얹어주세요.

6 팔팔 끓기 시작하면 양파를 넣고,

7 양배추는 밀가루(3큰)와 잘 섞어서, 6에 고루 덮
어주는 느낌으로 넣어주세요.

8 당면은 미리 흐늘흐늘해질 때까지 찬물에 불려
놓았다가 건져내서, 팔팔 끓고 있는 찜닭에 올려
서 잘 섞어줍니다. 밀가루가 들어가서 국물이 금
세 걸쭉해지니 바닥에 눌어붙지 않게 잘 저어주
면서 중불에서 3~5분 정도 끓이면, 완성!

좋은 청양고추 고르는 법

● 햇볕에 가리고 보았을 때 투명도가 밝고 진해
보이며 겉표면의 광택이 좋은 것.
● 고추를 흔들었을 때 고추씨 소리가 잘 들리는
것.
● 고추를 조금 잘라서 씹었을 때 뒷맛이 단맛이
남는 것.
● 고추를 쪼개보았을 때 속심이 붉은빛이 진하고
씨가 적은 것.

불 닭 구 이

입안이 얼얼한 홍초불닭구이. 누구라도 한번 먹어보면 그 매운맛에 눈물 콧물 다 빼게 되지만
손은 어느새 다시 불닭을 향하고 있다는, 매력적인 그 맛 바로 불닭!
사실 홍초불닭의 정확한 레시피는 공개되지 않았습니다. 그렇지만 제가 누굽니까!
한번 먹어본 맛있는 음식은 반드시 내 손으로 다시 만들어 먹고야 마는 집념의 요리총각 아닙니까! !^^;
대략 한번 만들어봤는데 꽤 괜찮더라구요.^^ 매운 거 좋아하시는 분들, 생각만 해도 군침 도시죠?
자! 화끈하게 한번 만들어볼까요?

주재료 손질한 닭(반마리), 당근(반개), 양파(반개),
　　　　마늘(5쪽), 청주(5큰)

초벌양념장 진간장(5큰), 청주(5큰), 대파(약간),
　　　　　물엿(1큰), 설탕(1큰), 양파(1/4개), 어슷썬
　　　　　붉은고추(1개)

매운양념장 매운 고춧가루(5큰), 다진 청양고추(3큰),
　　　　　간장(3큰), 설탕(1큰), 소금(1작),
　　　　　참기름(1큰), 물엿(2큰), 다진 마늘(1큰)

매운 고춧가루 만들기

●청양고추를 사서 깨끗이 씻은 뒤, 반 갈라서
씨는 털어내고 그걸 믹서에 갈아서 사용하세
요.
●태국고추를 이용해보세요. 우리나라 고추의 삼
분의 일 정도의 작은 크기인데, 정말 맵답니다.
남대문 수입상가 지하나 인터넷 식품매장에서
구입할 수 있어요.

좋은 고춧가루 식별법

●유난히 붉은빛이 곱게 나는 것은 피하는 게 좋
습니다.
●고춧가루를 두부와 함께 끓인 다음 두부만 꺼
내 깨끗한 물에 담가두세요. 두부가 깨끗해지
면 진짜 고춧가루이고 만약 두부에 붉은 물이
들어 빠지지 않으면 물들인 고춧가루입니다.
●고춧가루(1작)를 유리컵에 담고 고춧가루가 잠
길 만큼 식용유를 부은 다음, 이걸 지글지글거
릴 정도로 끓인 후 거기에 고춧가루 양의 3~
4배 정도의 물을 부어 색깔을 보세요. 물들인
고춧가루는 핏빛의 새빨간 색을 띠나 순수 고
춧가루는 노랑빛이 도는 분홍색이 나옵니다.

만드는 법

1 닭(반마리)은 먹기 좋은 크기로 손질해서 깨끗한
물에 씻어 청주(5큰)에 3~5분 정도 재어두어 잡
내를 빼주세요. 닭을 손질할 때는 걸리적거리지
않게 껍질을 제거하셔도 되고요, 특별히 껍질에
미련이 남는 분들은 그냥 쓰셔도 된답니다.^^

2 분량의 재료를 잘 섞어서 초벌양념장을 만들어두
세요.

3 1의 닭에 초벌양념장을 부어 잘 무쳐서 2시간 동
안 냉장실에 재워둡니다.

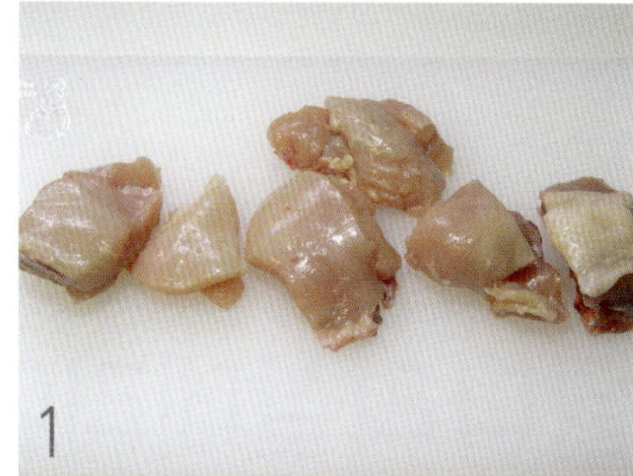

4 이게 키포인트랍니다! 생선그릴이 있으면 그릴
에, 없으면 김 굽는 철망에 닭을 끼워 넣고 겉이
익어서 그릴자국이 남을 때까지 가스레인지에서
한번 익혀줍니다.

5 너른 팬에 은박지를 깔고, 초벌구이한 닭, 먹기
좋게 자른 당근(반개), 양파(반개), 마늘(5쪽)을 넣
고 초벌양념장(2~3큰)을 넣어 한번 끓이듯이 익
혀주다가,

6 끓어서 보글보글 기포가 생기기 시작할 때 매운
양념장을 넣고 잘 섞으면서 볶아주면, 불닭구이
완성! 매운양념장이 조금 탈 때까지 볶아줘야 닭
속까지 잘 익고 맛도 훨씬 좋답니다.

요리총각의
비법 전수
매운양념장의 포인트는 고춧가루와
청양고추가 얼마나 매운가 하는
거예요. 좋은 청양고추 고르는 법은
131쪽 '요리총각의 한마디'를
참고하세요.

닭다리살데리야키

닭
다
리
살
데
리
야
키

언젠가, 시골에 놀러가서 모닥불 피워놓고 꼬치에 고기를 끼워서 구워 먹은 적이 있거든요.
그때 그 분위기와 맛에 반해서 그 이후론 꼬치에 구워 먹는 걸 좋아하게 되었지요.^^
그런데 꼬치구이를 늘상 소금 양념에 찍어 먹으려니 좀 물리더라고요.
데리야키 소스는 꼬치요리에 쓰이는 소스로 일본에서 아주 유명하거든요.
그걸 응용해봤더니… 와, 달콤하고 짭쪼름하면서도 깊은 그 맛!
집에서도 충분히 만들 수 있는 데리야키 요리! 시작해볼까요?

주재료 닭다리(2개), 생강(1쪽), 대파(반뿌리), 마늘(2쪽)

데리야키 소스 청주(1컵), 간장(반컵), 설탕(8큰),
물엿(2큰), 물(반컵), 레몬즙(1큰)

만드는 법

1 닭다리(2개)는 껍질을 제거하고 살과 살 사이에
칼을 넣어 살만 분리해주세요. 처음엔 조금 어렵
지만 두어번 하다 보면 요령이 붙어요.

2 육수는 미리 준비해놓으세요. 닭다리뼈와 생강(1
쪽), 대파(반뿌리), 마늘(2쪽)을 넣고 팔팔 끓여주세
요. 국물이 뽀얘지면 된 거랍니다.

3 냄비에 데리야키 소스 재료를 넣고 양이 반으로
줄 때까지 끓여주세요.

4 그동안 닭육수를 면보에 걸러 기름기를 제거한
다음,

5 냄비에 붓고 닭육수의 양이 반으로 줄 때까지 졸
여서, 이걸 1컵 정도 3의 데리야키 소스에 부어
주세요. 닭육수를 부은 데리야키 소스는 분량이
반으로 졸 때까지 다시 한번 끓여줍니다.

6 완성된 데리야키 소스에 닭다리살을 담가 1시간
정도 두었다가,

7 팬에 데리야키 소스(4~5큰)를 두르고 6을 앞뒤로
구워내면, 완성!

8 반짝반짝 잘 익은 닭다리살데리야키를 밥에 떡하
니 올리면, 완성! >_<d

데리야키란 말은 '반짝반짝하게 굽다' 정도로
해석할 수 있답니다. 일본에선 꼬치구이에 많이
이용하는 소스예요.
좀 특이한 맛을 원하신다면, 데리야키 소스에 카
레가루랑 핫소스를 넣어보세요. 닭 특유의 냄새
도 없어지고 맛도 독특해진답니다.

마늘양념닭가슴살볶음

마늘양념닭가슴살볶음

닭가슴살에 알싸한 마늘 향기가 어우러져, 짭조름 고소한 맛의 마늘양념닭가슴살볶음!
제가 여름에 헬스하면서 '스테미너식+단백질보충용'으로 만들어 먹었던 음식이랍니다. ^^

주재료 닭가슴살(2개), 다진 마늘(1큰), 버터(1큰),
       소금(1작), 설탕(1작)

소스 간장(1큰), 물(1큰), 올리브유(반컵), 레몬즙(1작),
     레몬채(약간)

만드는 법

1 닭가슴살(2개)은 먹기 좋은 크기로 잘라놓으세요.

2 다진 마늘(1큰), 버터(1큰), 소금(1작), 설탕(1작)을 잘
  섞어둡니다.

3 분량의 재료를 잘 섞어 소스를 만들어두세요.

4 달군 팬에 2를 녹인 후,

5 여기에 닭가슴살을 넣어 익히다가, 앞뒤가 익으
  면 만들어두었던 소스를 넣고 국물이 진해질 때
  까지 익혀주면, 완성!

6 마늘을 반으로 잘라서 같이 익혀도 맛있답니다.

기름기 없는 담백한 닭가슴살은 다이어트에도
아주 좋은 재료지요. 그런데 그 퍽퍽함 때문에 먹
기가 쉽지 않죠? 닭가슴살, 이렇게 요리해보세요.

다양한 소스와 함께 먹기

간장소스

간장(2큰), 다진 파(2큰), 다진 마늘(1큰), 소금(1작),
설탕(1작), 물엿(2작), 참기름(1큰), 생강즙(반큰)을
잘 섞어 소스를 만들어, 손질한 닭가슴살을 소스
에 넣고 졸이면, 짭조름한 닭가슴살구이 완성!

고추소스

간장(2큰), 물(2큰), 식초(1작), 고운 고춧가루(약간),
연겨자(반큰), 다진 마늘(1큰), 깨소금(1큰), 참기름
(1방울)을 섞어 소스를 만들어주세요. 손질한 닭
가슴살에 소스를 잘 발라서, 버터를 약간 두른
팬에 닭가슴살을 놓고 아주 약한불에 구워주면,
매콤한 닭가슴살구이 완성!

요플레소스

요플레와 요구르트를 반반씩 섞고 여기에 꿀을
적당히 넣어서 잘 저어 소스를 만드세요. 손질한
닭가슴살은 포크로 쿡쿡 찔러 작은 구멍들을 내
고 소금을 약간 뿌려 절인 다음, 소스에 담궈 3
시간 이상 재워두세요. 이걸 꺼내서 호일에 싸서
팬에 넣고 약한불에 굽습니다. 생선 굽듯이 호일
을 이리저리 뒤집으면서 구우면, 달콤한 닭가슴
살구이 완성!

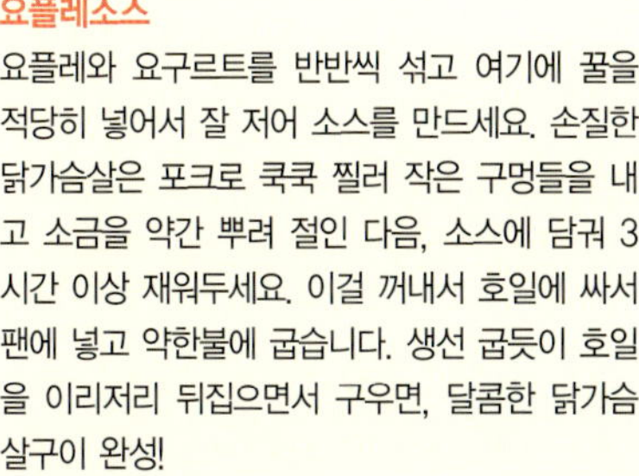

닭죽

재료(1인분)

주재료 밥(2/3공기), 물(반컵x2), 소금(1작), 닭육수(1컵)

육수 재료 닭날개(2개), 닭목뼈(1개), 대파(1뿌리),
마늘(2쪽), 물(2컵 반)

서양에선 할머니들이 손자가 감기에 걸리거나 몸이 아프면 닭고기뼈를 고아서
수프를 끓여준다고 합니다. 몸이 아프지 않더라도,
저는 마음 허전하고 뱃속 허전할때 따뜻한 닭고기죽 한 그릇으로 속을 달랜답니다.
부담없이 부드러운 게 먹고 싶을 때 만들어보세요~

만드는 법

1 일단 닭육수를 만들어주세요. 육수 재료를 냄비
  에 넣고 뽀얀 국물이 나올 때까지 고아주세요.

2 육수를 면보에 걸러 기름기를 제거하고, 닭날개
  는 잘게 찢습니다.

3 냄비에 육수(1컵)를 붓고 밥(2/3공기)을 넣어 잘 풀
  어서 끓여주세요.

4 중간중간에 물 반컵씩을 2번 정도 부어서 쌀알이
  푹~ 퍼지게 끓여주다가, 닭고기와 소금(1작)을
  넣어서 마저 끓여주면, 부드럽고 따끈한 닭죽 완
  성!

138

돼지고기 소고기

벌꿀고추장삼겹살구이

벌꿀고추장삼겹살구이

자취생의 대표적인 단백질 공급원, 삼겹살!
하지만 그것도 하루 이틀이지, 고기 좀 먹자 싶으면 밥상에 오르는 게 늘 삼겹살이다 보니
슬슬 질리기 시작하더라구요. 그러던 어느 날, 벌꿀고추장삼겹살을 팔고 있는 가게를 발견하고
들어가 먹어보았는데… 와! 맛있더군요~ 그래서 집에서 바로 도전해보았습니다,
달콤하고 매콤한, 벌꿀고추장삼겹살구이!

주재료 삼겹살(반근), 마늘(1쪽), 당근(1/3개),
        고추(1개), 양송이(2개), 양파(반개), 청주(반큰)

벌꿀고추장양념 고추장(2~3큰), 벌꿀(3큰),
        미원(반작), 간장(1큰), 참기름(1큰),
        다진 마늘(1작), 사과 간 것(2큰),
        소금(반작)

만드는 법

1 삼겹살을 준비해서, 먹기 좋은 크기로 잘라 볼에
  담고,

2 당근(1/3개)은 채썰고, 양송이(2개)와 마늘(1쪽), 양
  파(반개)는 편으로 썰고, 고추(1개)는 어슷썰어서,
  삼겹살 위에 올립니다.

3 여기에, 벌꿀고추장양념 재료를 잘 섞어서 얹어
  주세요.

4 손으로 잘 버무려서 냉장고에 2시간 정도 보관하
  세요. 그래야 양념이 잘 배고 숙성이 잘 된답니
  다.

5 양념이 고루 밴 삼겹살을 팬에 넣고 맛있게 익히
  면, 완성!

6 송송 썬 실파나 허브로 살짝 장식을 해도 좋답니
  다.

요리 총각 의 한 마디

삼겹살 백배 즐기기

소스 곁들여 먹기

연겨자(1큰), 식초(1큰), 설탕(반큰), 간장(약간), 소금
(약간), 다진 마늘(약간)을 섞어서 겨자소스를 만
들어 삼겹살을 찍어 드세요.

야채와 함께 돌돌 말아 먹기

삼겹살을 길쭉하게 썰어서 소금, 후추를 뿌려 밑
간을 한 다음 팬에 앞뒤로 구워주세요. 구운 삼
겹살을 펴고 그 위에 깨끗이 씻은 깻잎을 얹어
돌돌 말아서 다시 한번 팬에 살짝 구워서 드셔
보세요. 아니면 밑간해서 팬에 구운 삼겹살에 갖
가지 채썬 야채를 놓고 돌돌 말아서 소스에 찍
어 드셔도 맛나답니다.

떡갈비덮밥

떡갈비덮밥

오랜만에 갈비로 단백질 좀 보충해주려고 하는데, 갈비가 질기다면 정말 입맛 떨어지죠.
그래서 저는 떡갈비를 아주 좋아한답니다. 맛있는 갈비를 잘 다져서
부드럽고 쫀득하게 만들어놓은 떡갈비! 따뜻한 밥에 쫀쫀한 떡갈비를 떡~하니 올려놓으면,
보기만 해도 군침이 사르르~~^^ 떡갈비 쉽게 만드는 방법을 전수해드릴게요~

재료(2인분)

주재료 갈비살(300g), 양송이버섯(3개)

양념장 간장(3큰), 다진 파(1큰), 다진 마늘(1작), 다진
　　　　양파 (1큰), 참기름(1큰), 설탕(1큰), 청주(1큰),
　　　　배즙(1큰), 물엿(1큰), 후추

만드는 법

1 소고기는 다짐육으로 준비해주세요.

2 양념장 재료와 소고기를 함께 볼에 넣고 잘 치대
　준 다음,

3 숟가락으로 적당한 크기로 덜어서, 참기름이나
　식용유를 두른 팬에 앞뒤로 갈색이 돌 때까지 구
　워주세요.

4 양송이도 양념장에 묻혀 구워내서, 밥 위에 떡갈
　비와 함께 올리면, 완성! ^^

떡갈비야채꼬치구이
재료 떡갈비, 파, 통마늘
만들기 1. 만들어놓은 떡갈비를 팬에 1분 정도만
살짝 구워낸 다음, 2. 알맞은 크기로 잘라 꼬치
에 끼우고, 3. 반으로 자른 통마늘과, 5cm 정도
로 자른 파를 번갈아가며 끼워줍니다. 4. 여기에
데리야키소스를 잘 발라 팬에 은박지를 깔고 구
워내면, 완성! 생선그릴에서 구워내도 좋습니다.
데리야키소스 만드는 법은 135쪽 '닭다리살데리
야키'를 참조하세요.

미
트
볼

미트볼은 인스턴트 식품으로 판매되고 있지요.
맛은 그럭저럭 괜찮지만 솔직히 가격도 비싸고
내 손으로 직접 만들어 먹는 것보다야 믿음이 덜 가죠.
그래서 집에서 만들어보았답니다. ^^
간식으로도 좋고 밥반찬으로도 좋고 맥주안주로도 좋은,
동글동글 귀여운 미트볼~^^

재료 (2인분)

주재료 다진 소고기(400g), 다진 양파(3큰),
간장(4큰), 설탕(2큰), 계란노른자(1개),
후추(약간), 밀가루(2큰), 버터(2큰)

살사소스 버터(1큰), 핫소스(3큰), 설탕(1큰), 소금(1작),
케첩(3큰), 향신료(약간), 물(1컵)

만드는 법

1 다진 소고기(400g), 다진 양파(3큰), 간장(4큰), 설
탕(2큰), 계란노른자(1개), 후추(약간)를 잘 섞어 미
트볼 반죽을 만들어두세요.

2 살사소스는 분량의 재료를 넣고 잘 섞어서 실온
에 놓아두어 버터가 저절로 녹을 수 있게 해두세
요.

3 미트볼 반죽에서 조금씩 뜯어내서 먹기 좋은 크
기로 동글동글 미트볼을 만들어,

4 밀가루옷을 입혀 기름에 튀겨냅니다. 반으로 갈
라서 속이 익을 때까지 1~2분 정도 튀겨야 합니
다.

5 오목한 팬에 버터(2큰)를 녹이고, 밀가루(2큰)를
살사소스에 잘 개어서 팬에 붓고 물(1컵)과 섞어
끓이다가,

6 적당히 걸쭉해지면 4의 튀겨낸 미트볼을 넣고 5
분 정도 끓이면, 완성!

튀기는 게 귀찮으신 분들, 이런 방법으로 미트볼
을 만들어보세요~

미트볼조림
팬을 달군 다음 식용유를 두르고, 빚어둔 미트볼
완자를 굴려가며 익혀 겉면이 갈색이 돌면 접시
에 덜어두세요. 냄비에 살사소스를 붓고 거기에
살짝 익힌 미트볼 완자를 넣어 국물이 자작해질
때까지 졸이면, 완성!

미트볼꼬치구이
동글동글한 미트볼 완자와 대파, 양파를 번갈아
꼬치에 끼운 뒤, 팬에 기름을 두르고 꼬치를 앞
뒤로 구워주세요. 거기에 살사소스를 잘 발라서
석쇠에 구워주면, 완성!

갈비찜

갈비찜은 보통 명절이나 생일날 주로 먹잖아요. 가격도 만만치 않고 은근히 손도 많이 가고,
그래서 보통 때는 쉽게 볼 수 없는 스페셜 특식이 바로 갈비찜이지요. 혼자 자취하기 시작하면서는
그나마 갈비찜 구경하기는 하늘에 별따기가 돼버리더군요. 자취생의 지상 과제!
부실한 영양을 한번에 만회해주고 부족한 단백질을 단번에 공급해줄 고기 요리를 만들어라!
혼자서도 쉽게 만들어 먹을 수 있는 갈비찜을 지금부터 소개합니다! ^^

재료(1인분)

주재료 돼지갈비(200g), 붉은고추(1개), 당근(반개),
표고버섯(2개), 양파(1/4개), 청주(1큰),
식용유(2~3큰)

양념장 간장(1큰), 설탕(반큰), 다진 파(1큰), 다진
마늘(2작), 생강즙(반작), 깨소금(반큰),
참기름(1작), 후추

만드는 법

1 돼지갈비(200g)는 정육점에서 살 때 먹기 좋게
잘라달라고 부탁하셔서,

2 찬물에 넣어 핏물을 빼주세요.

3 당근(반개)은 먹기 좋은 크기로 썰고, 고추(1개)는
어슷썰고, 양파(1/4개)는 큼직하게 썰고, 표고(2개)
는 1/4등분하세요.

4 분량의 재료를 잘 섞어서 양념장을 만들어놓으세
요.

5 냄비에 식용유를 두르고 핏물을 뺀 돼지갈비를
표면이 익을 정도로 살짝 지져주다가,

6 여기에 양념장 반절과 물(반컵)을 넣고 뚜껑을 덮
어 익혀주세요.

7 국물이 끓어서 고기가 익으면,

8 당근, 양파, 붉은고추, 표고를 넣고 국물이 반 이
상 졸 때까지 끓여주다가, 나머지 양념장을 넣고
다시 한번 끓여주면, 완성!

요 리 총 각 의 한 마 디

좋은 갈비 고르는 법

갈비찜의 생명은 무엇보다도 좋은 고기라고 할
수 있지요. 좋은 돼지고기 고르는 법, 알아볼까요?

살색을 확인
신선한 돼지고기는 산뜻한 다홍색을 띱니다. 진
하고 어두운 붉은색은 오래된 고기예요.

지방의 색 확인
돼지고기에 붙어 있는 지방의 색이 하얀색일수
록 고기가 신선하며 연하고 냄새도 없어요.

내 맘대로 재료 넣기

새콤달콤한 양념장을 원한다면
오렌지주스(1컵)와 케첩(반컵)을
넣어도 되고요, 매콤한 맛을
원한다면 핫소스(1큰)나
고춧가루(1큰)를 넣어도
좋아요.

전주 함평의 소시장이 서는 날이면 어김없이 등장하는 게 있답니다. 바로 육회비빔밥!!
신선한 육회를 맛깔나게 양념해서 밥 위에 떡~ 올리고 참기름 뚝 떨어뜨려 슥슥 비벼 먹으면~^^
속이 든든하고 입이 즐거운 그 맛! 집에서 즐길 수 있답니다~

주재료　육회(우둔살이나 홍두깨로 1줌), 고사리(반줌),
　　　　우거지(반줌), 도라지(반줌), 고추장(1큰 반),
　　　　공기밥(2/3공기)

양념장　〈비율〉 다진 배 1 : 간장 2 : 물엿 2 : 참기름
　　　　1 : 깨소금 2 : 다진 마늘 1 : 설탕 1

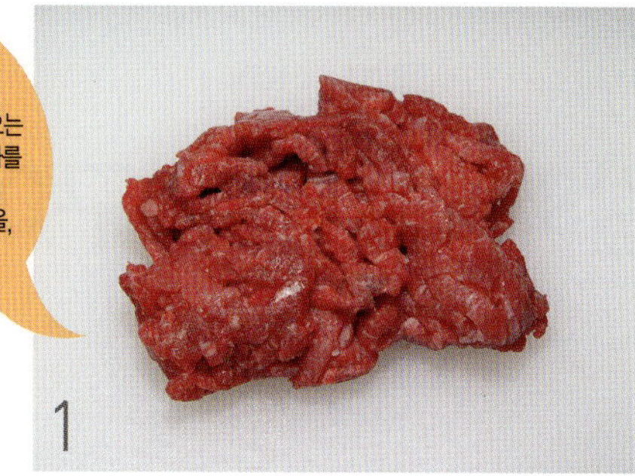

만드는 법

1 육회는 되도록이면 큰 할인마트에서 구입하도록
하세요.

2 먹을 만큼의 양념장을 만들어둡니다. 비율을 잘
지키시고요.

3 고사리(반줌)를 참기름에 달달 볶아내고,

4 도라지(반줌)와 우거지(반줌)도 잘 볶아냅니다. 중
간에 소금간을 살짝 해주세요.

5 육회와 양념장을 잘 섞어서 조물조물한 다음,

6 밥에 나물을 올리고 가운데 육회를 올려주세요.
계란노른자 하나를 톡 까서 올리고, 고추장(1큰)
과 참기름 몇 방울로 마무리하면, 완성!

요리총각의 밥상

육회는 다양한 소스와 곁들이면 더욱 맛있지요.

깨소스
일본된장(2큰), 설탕(3큰), 깨 간 것(4큰), 식초(4
큰), 맛술(2큰), 참기름(1큰)을 잘 섞으면, 깨소스
완성!

겨자꿀소스
갠 겨자(3큰)에 다진 마늘(1작), 꿀(또는 설탕 2큰),
레몬즙(또는 식초 1큰), 백포도주(또는 사과주스나 파
인애플주스 1큰)을 넣고 잘 섞으면, 겨자꿀소스 완
성!

갈매기살양념구이

재료(1인분)

주재료 갈매기살, 양파, 양송이, 마늘, 상추나 깻잎

양념장 다진 파(2큰), 다진 마늘(2큰),
키위 간 것(반개), 양파 간 것(2큰), 간장(2큰),
흰 물엿(2큰 반), 참기름(1큰)

만드는 법

1 갈매기살은 길게 손질되어 있습니다. 색깔이 참 곱죠?^^

2 분량의 재료를 잘 섞어서 양념장을 만들어.

3 양념장에 갈매기살을 2시간 동안 재워 냉장보관 하시고,

4 먹기 직전에 꺼내서 구워 먹으면, 완성!

요 리 총 각 의 밥 상

돼지고기구이용 소스들

고추장불고기양념

간장(2큰), 고추장(2큰), 고춧가루(1큰), 설탕(2큰), 다진 마늘(1큰), 다진 파(2큰), 생강즙(반큰), 깨소금(반큰), 후추(1/4작), 청주(또는 양파즙 1큰), 참기름(반큰)을 잘 섞으세요. 양념이 골고루 배이게 30분 정도 고기를 재워두었다가 팬에 구워내면, 매콤하면서도 감칠맛이 나는 돼지고기구이 완성!

생강간장소스

간장(1컵), 멸치국물(1컵), 물엿(반컵), 설탕(반컵), 청주(1컵), 생강즙(3큰), 마늘(3쪽), 대파(1뿌리)를 냄비에 넣고 끓이다. 끓으면 불을 약하게 줄여서 처음 분량의 반으로 줄 때까지 졸인 다음, 면보자기에 걸러내면 완성! 생강간장소스는 장기간 냉장보관할 수 있으니, 한번 만들어서 두고두고 활용하세요.

생선

생태찌개

생태찌개

명태, 동태, 북어, 생태… 참 이름도 많죠!
명태를 얼리지 않고 그대로 즐기면 생태, 꽁꽁 얼리면 동태, 차가운 겨울 바람에 말리면 황태가
된답니다. 생태는 바다에서 갓 잡아올려서 부드러운 그 맛이 일품이지요.
속을 확- 풀어주는 시원한 생태찌개만 있으면 밥 한그릇은 게 눈 감추듯 사라져버린답니다~^^

주재료 생태 대가리(1도막), 생태 몸통(1도막), 편으로
       썬 무(1줌), 반달썰기한 호박(6쪽),
       붉은고추(반개), 풋고추(반개), 쑥갓(약간),
       두부(1/4모), 고춧가루(1큰), 설탕(1작), 다진
       마늘(1작), 송송 썬 실파(1큰), 소금(약간),
       간장(1큰)

만드는 법

1 우선 뚝배기에 편으로 썬 무(1줌)를 앙증맞게 깝
   니다. 반드시 앙증맞아야 해요~)_(
   여기에 생태 대가리(1도막)와 몸통(1도막)을 넣고,

2 어슷썬 붉은고추(반개)와 풋고추(반개), 반달썰기
   한 호박(6쪽), 두부(1/4모)를 넣은 다음, 물(뚝배기의
   3/2)을 부어 끓여주세요.

3. 고춧가루(1큰), 설탕(1작), 다진 마늘(1작), 간장(1큰)
   을 그릇에 넣고 잘 섞어 양념장을 만들어, 2의
   뚝배기가 끓으면 거품을 한두번 제거해준 뒤 양
   념장을 넣어주세요. 간을 좀더 맞춰주고 싶다면,
   소금을 조금씩 넣어가면서 직접 조절하세요.

4. 5~10분 정도 더 끓이다가, 쑥갓(약간)과 송송 썬
   파(1큰)를 넣고 한소끔 더 끓인 후 그릇에 담아내
   면, 완성!

요 리 총 각 의 한 마 디

생선찌개 비린내 없이 끓이는 법

● 찌개를 끓이기 전에, 팔팔 끓는 물을 생선에
살짝 끼얹으면 붙어 있던 잡티가 다 제거되어서
비린내도 가시고 국물도 깔끔해져요.
● 간을 한 국물을 한참 끓이다가 생선을 넣어보
세요.
● 생선찌개를 끓일 때, 생선이 다 익은 다음 된
장을 살짝 풀어넣으세요.
● 마지막에 식초를 몇 방울만 떨어뜨려보세요.
● 찌개 끓일 때 청주를 조금 넣어보세요.

생선찜

생 선 찜

생선은 튀기고, 굽고, 끓이기만 할 수 있는 게 아니랍니다.
담백한 흰살생선을 더욱 담백하고 부담 없이 즐길 수 있는 방법,
바로 생선찜이랍니다~

1

재료(2인분)

주재료 흰살생선(1마리), 대파(3뿌리), 콩기름(1컵),
　　　　붉은고추(반개)

소스 간장(5큰), 설탕(4큰), 청주(4큰), 다진 생강(반큰)

만드는 법

1 흰살생선에 칼집을 내주세요. 흰살생선은 도미,
우럭, 가자미, 조기 등이 있답니다. 저는 가자미
를 사용했어요.

2

2 찜기에 생선을 올리고 10분 정도 쪄서 속이 거의
다 익게 합니다.

3 분량의 재료를 잘 섞어서 소스를 만들어주세요.
달짝지근하니 조금 진한 간장맛이 나야 좋답니
다.

3

4

4 콩기름(1컵)을 연기가 나기 바로 직전까지 끓여줍
니다.(사실, 연기가 조금 나도 돼요.^^;;)

5 2의 찐 생선에 4의 콩기름을 철제국자를 이용해
서 살살 뿌려주세요. 치지직~ 소리를 내면서 생
선살이 벌어지는 게 보일 거예요. 용기에 담긴
기름은 따라버리시고요.

5

6 대파(3뿌리)와 붉은고추(반개)를 채썰어서 생선 위
에 올려주고, 소스를 생선 주위에 잘 뿌려내면,
완성! 생선살과 파채를 적당히 집어 소스에 찍어
드세요~^^

6

아
구
찜

아구란 녀석이 찜으로 탄생한 건 그리 오래된 얘기가 아니랍니다.
이전에는 못 먹는 생선으로 치부해서 잡히면 버리곤 했다니… 이 녀석 꽤나 출세했다고 할 수 있겠죠 ?^^
부둣가에서 술안주를 찾다가, 버려진 생선으로 만들게 된 게 바로 아구찜이래요 !
칼칼한 양념맛에 담백한 아구의 맛이 정말 잘 어울리는,
특별한 소주안주를 지금부터 만들어볼까요 ?^^

주재료 아구(큰 것 반마리), 콩나물(3줌), 미나리(1줌),
조갯살(약간), 미더덕(1줌), 깨소금(반큰),
대파(1/4뿌리), 고추(2개)

양념장 고춧가루(3큰), 다진 파(2큰), 다진 마늘(1큰),
찹쌀가루(1큰), 간장(3큰), 청주(1큰),
설탕(반큰), 후추(약간)

와사비 와사비가루(1큰), 찹쌀가루(1큰), 물(5큰)

만드는 법

1 아구는 손질된 녀석을 사셔서, 꽃소금에 절여 체
에 받쳐 30분 정도 둡니다. 그래야 아구살이 꼬
들꼬들해져요.

2 콩나물(3줌)을 대가리와 꼬리를 다듬어 잘 씻어두
고,

3 양념장의 재료를 섞어서 매콤한 양념장을 만들어
두세요.

4 넓은 팬에 물(반컵)을 붓고 센불에 30초~1분 정
도 아구의 겉표면이 익을 정도로만 살짝 익혀서,
물을 조금(2~3큰 정도)만 남기고 나머지 물을 따
라냅니다.

5 여기에 미더덕(1줌)과 조갯살(약간)을 올려서 한번
더 끓여주다가,

6 콩나물(3줌)과 미나리(1줌)를 넣고 양념장을 부어
잘 섞어가며 익혀주세요.

7 여기에 분량의 재료를 섞어서 만든 와사비를 붓
고,

8 대파(1/4뿌리)나 고추(2개)를 썰어서 올린 다음, 뚜
껑을 덮고 5분 정도 익혀주세요. 먹기 직전에 참
기름을 1방울 떨어뜨려 향기를 더하고 깨소금을
뿌려내면, 완성!

장
어
구
이

아마 초등학교 2학년 때였을 거예요. 아버지가 장어회를 사오셨더라고요.
그때는 간식이 귀했던 터라 뭐든지 잘 먹었죠. 물론 장어회도 예외일 수 없었답니다.
그런데 텔레비전에서 들었는지, 전 그 어린 나이에도 장어는 꼬리가 가장 영양이 풍부하다는 걸
알고 있었던 거예요. 그래서 장어 꼬리를 냉큼 ~ 먹어버렸답니다!
그 순간 아버지의 망연자실한 얼굴… 아직도 잊혀지지가 않네요 ~^^;;

주재료 장어(1마리),

양념장 고추장(1큰), 설탕(반큰), 통깨(반큰), 물엿(1큰),
        다시다(1작), 미원(1/3작), 참기름(반큰), 다진
        마늘(반큰), 다진 파(반큰)

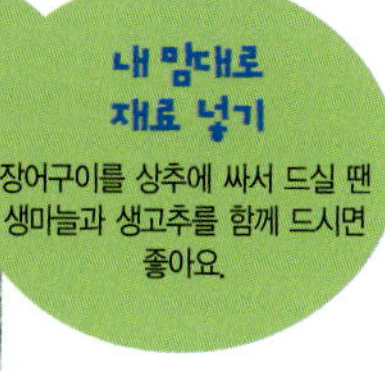

만드는 법

1 바다장어든 민물장어든, 장어는 손질된 것으로
  준비해주세요.

2 분량의 재료를 잘 섞어서 양념장을 만드시고요.

3 팬에 은박지를 깔고 기름을 살짝 묻힌 후, 장어
  를 올린 다음,

4 양념장을 앞뒤로 발라가며 중불에서 잘 구워내
  면, 장어구이 완성!

장어를 담백하게 즐겨보세요~

장어소금구이

재료 손질한 장어(1마리), 꽃소금(반컵), 깻잎, 쌈장
(85쪽 쌈밥을 참조하세요.)
만들기 1. 손질한 장어를 한입 크기로 잘라주세
요. 2. 팬에 은박지를 깔고 기름을 두른 뒤, 팬이
뜨거워지면 장어를 올립니다. 3. 장어를 올린
뒤, 바로 소금을 뿌려주세요. 엄지손가락과 검
지, 중지손가락을 이용해 소금을 튀기듯이 골고
루 뿌려주면 됩니다. 대충 짜지 않을 정도로만
골고루 뿌려주면 된답니다. 4. 장어가 앞뒤로 노
릇하게 구워지면 깻잎에 싸서 쌈장이나 고추장
에 살짝 찍어 드시면, 완성!

불량식품의 추억

후후후! 어린시절 불량식품 한번 접해보지 않은 사람은 한명도 없을걸요! 뭐, 뭐라고요? 한번도 먹어본 적 없다고요!? 그럼 당신은 도련님? ㅡㅡ;;;;

하하하. 저는 도련님과 거리가 좀 멀었기 때문에 불량식품을 조금 많이 섭취하면서 컸어요. 사실, 뽀샤시했던 어릴 적 그 얼굴이 지금의 이런 우중충한 얼굴로 변해버린 까닭이 혹시 불량식품 과다 섭취 때문은 아닐까 하는 의구심을 강하게 가지고 있긴 하답니다.

그 시절 불량식품의 유혹은 정말 대단한 것이었죠. 단돈 100원이면 상당히 행복해질 수 있던 시절의 추억! 전국의 초등학생들의 일상 생활어인 "엄마 100원만!"을 탄생시킨 장본인이 바로 불량식품들 아니겠습니까!

어느 날, 제가 다녔던 초등학교 앞을 지나다가, 어릴 적 나를 사로잡던 그 불량식품들이 문득 떠오르더라구요. 그래서 학교 앞 문방구에 들어가 보았죠. 그런데 어린 시절, 조그맣고 허름하고 온갖 불량식품들이 은밀히 나를 유혹하던 그곳이 아니더군요. 깔끔한 인테리어에 환한 조명, 어느 구석에도 불량식품의 그림자조차 구경할 수 없었지요. 그렇지만 한번 지펴진 불량식품에 대한 강렬한 그리움은 도저히 달랠 수가 없었어요. 그래서 인근 문방구 순례에 나섰답니다. 운 좋게도, 집으로 오던 길에 들른 문방구에서 빙고! 추억의 불량식품들을 대거 입수할 수 있었답니다!^-^v

그런데 그날 밤, 인터넷 서핑을 하다가… 웬걸! 싸이월드 오른쪽 화면에 '뽑기세트'를 판매하고 있다는 배너가 떠 있는 거 있죠! 그것도 훨씬 싼값에 말이죠. 흑~ 이런 제길! ㅜㅡ

그래도 제 손에 들려 있는 이 녀석을 보면 흐뭇함을 감출 수 없답니다! 추억의 간식 촉오봉에 그 누구의

사진 1 <u>흐흐흐~</u> 이 모든 것의 가격이 천원이 채 안 된다는 게 믿어지세요? ^^
어린시절 추억의 그 맛을 떠올리며 저는 불량식품들을 하나씩 하나씩 야금야금 먹으면서 뒹굴뒹굴하고 있었지요. 정말 옛 기억이 새록새록 떠오르더라고요. ^^ 그러다 결국 엄마한테 들켜서 한 소리 들었답니다. 어머니 왈, "니가 애냐?!!" ㅡㅡ;

사진 2, 3 어릴 적 내 모습
불과 몇 년 전이지만, 이때만 해도 피부가 반짝반짝 윤이 났지요. 그런데 지금은… ㅡ.ㅜ

사진 4 뽑기 도구를 구하고 행복에 빠진 나^^v

반대도 없이 랭크될 그 녀석!

바로 뽑기죠!

어릴 적, 동네 한 귀퉁이에서 연탄불을 지펴놓고 뽑기를 만들어 팔던 할아버지가 아직도 기억납니다. 정말 맛있게, 능숙하게 뽑기를 만들던 그 손이 어찌나 부러웠던지 집에서 국자 꽤나 태워 먹었던 기억도 생생해요.^^ 자, 뽑기를 어떻게 해야 잘 만들 수 있을까요?^^ 요리하면서 혼자 놀기는 정말 재미있다니까요!!^-^

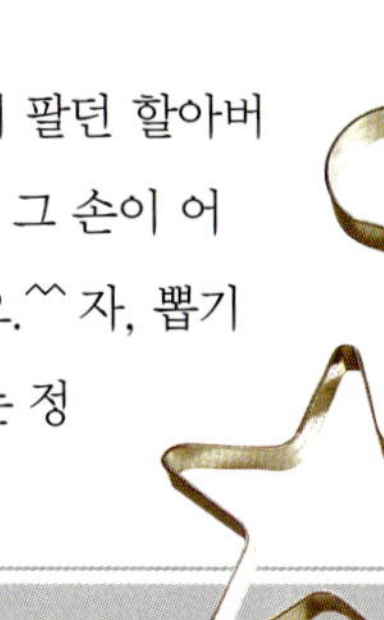

뽑기

똘똘이

얇은 쥐포를 쭉쭉 찢어놓은 것 같은 똘똘이.

월드컵

역시나 쥐포맛이 나는 월드컵. 하나 먹으면 또 하나 먹고 싶은 중독성 강한 불량식품들.

아폴로

초코맛, 바나나맛, 딸기맛 등 다양한 맛이 있음. 한쪽을 입에 물고 쭉~ 빨아 먹거나 손톱으로 알뜰하게 밀어올려 쏙~ 뽑아 먹는 그 묘미!

맛기차콘

옥수수맛이 나는 쫄깃쫄깃한 과자. 불에 살짝 구워 먹으면 더 고소하고 맛있음. 하나 사면 어린 내 마음을 뿌듯하게 만들었던 그 기다란 길이!^^

미니미니콜라

어릴 땐 딱딱한 게 대부분이어서 먹기 힘들었는데, 요즘 건 입에서 살살 녹게 만들어져 나옴. 진짜 콜라맛이 나는 게 너무 신기함. ^^

재료

설탕(2큰), 식소다(나무젓가락으로 찍어서 1번)

만들기

1 집에 철국자가 있으면 그걸로 해도 좋지만, 부모님께 맞지 않을 자신이 있는 사람만 하세요. 후환이 두려우시다면 저처럼 장비를 구입하는 게 속 편하고 좋습니다. ^^

2 설탕과 소다를 준비해주세요. 국자에 설탕(2큰)을 올리고, 약한불에 살살 녹여줍니다. 처음엔 가장자리부터 녹기 시작합니다. 그러면 가운데를 나무젓가락으로 살살 돌려서 설탕이 골고루 녹을 수 있도록 해주세요.

3 설탕이 다 녹아서 투명해지면, 설탕물을 젓던 나무젓가락으로 재빨리 소다를 찍어서 설탕물에 넣고 저어줍니다. 그러면 맑은 설탕물이 살색으로 변하면서 부풀어오릅니다. 이때 주의할 점은, 절대 불에 오래 올려두면 안 된다는 거예요! 자칫하면 쓴맛이 나거든요.

4 그대로 나무젓가락을 이용해서 먹어도 좋고, 장비가 있으신 분은 철판에 뽑기를 탈탈 털어 평평하게 펴서 사탕처럼 드셔도 맛있답니다.^^ 철판에 설탕을 미리 뿌려두면 뽑기가 철판에 눌어붙지 않는답니다.

4부

술 땅기는 날

맥주맛 살려주는 안주

친구들이랑 집에서 편하게 맥주 한잔 하고 싶을 때가 있죠?
시원한 맥주에, 입맛 돋워주는 안주에,
맘 편한 친구가 곁에 있다면 그게 바로 행복이겠죠?^^

소주맛 살려주는 안주

소주에 달랑 김치 하나 놓고 버틴다고요? -_-;;
속도 채워주고 술맛도 up 시켜주는
베스트 소주안주를 소개합니다.^^

와인맛 살려주는 안주

분위기 낼 때 와인만한 게 또 있을까!
와인은 생각보다 값도 저렴하답니다. 특별한 날, 와인 한잔에
별미 안주를 곁들여 분위기 제대로 잡아보세요~^^

맥주맛 살려주는 안주

골뱅이파무침

재료(2인분)

주재료 골뱅이통조림(중간크기로 1개), 오이(반개),
        파채(두어줌), 진미채(또는 북어채 약간),
        옛날국수(반줌)

양념장 고추장(1큰), 고춧가루(1큰), 식초(1큰),
        설탕(1큰), 깨소금(반큰), 참기름(반큰)

요즘 안주로 골뱅이무침을 시키면 골뱅이와 숨바꼭질하기 일쑤더라고요.
이름은 골뱅이무침인데, 도대체 그놈의 골뱅이들은 다 어디로 놀러간 건지…
가격도 만만치 않잖아요. 그 돈이면 집에서 알찬 골뱅이무침에
시원한 맥주까지 한거번에 해결할 수 있답니다!

만드는 법

1 오이(반개)와 파를 채썰어 얼음물에 담가놓으세
  요. 그러면 야채가 싱싱하고 아삭해지며, 파의 매
  운맛도 빠진답니다.

2 물기를 제거한 파채와 오이채, 진미채와 골뱅이
  를 볼에 담고, 양념장 재료를 넣어,

3 잘 버무려주세요.

4 골뱅이무침에 사리가 빠지면 안 되겠죠? ^^
  옛날국수(반줌)를 끓는 물에 삶아 찬물에 헹군 다
  음 골뱅이무침과 함께 내면, 완성!

집에서 만드는 소시지

재료(2인분)

주재료 사태(250g), 다진 샐러리(3큰), 녹말(1큰),
　　　　밀가루(2큰), 청주(1큰), 소금(반큰), 후추(약간)

이 소시지는, 예전에 제가 요리에 처음 도전하기 시작했을 때
저의 사부님이셨던 분이 만드신 것을 보고 '와~ 저렇게도 만들 수 있구나!'
라고 감탄했던 요리랍니다. 간단하지만 깔끔하고 방부제 없는 수제 소시지!
자, 그 비법을 여기에 공개할게요~^^

만드는 법

1 사태는 집에서 갈 수 있으면 집에서 가시고요,
만약 집에서 갈 수 없으면 그냥 돼지다짐육을 사
세요. 다짐육에 다진 샐러리(3큰), 녹말(1큰), 밀가
루(2큰), 청주(1큰), 소금(반큰), 후추(약간)를 넣어
손으로 잘 치대주세요. 한 30분은 그렇게 치대셔
야 한답니다. 그래야 쫀득쫀득해지거든요.

2 1의 반죽을 2시간 이상 냉장실에서 숙성시킨 뒤,
그걸 펼친 랩 위에 사진과 같은 모양으로 올려
서,

3 잘 말아주세요. 마치 진짜 소시지 같죠? ^^

4 끓는 물에 4의 소시지를 약 3분 정도만 익힌 다
음,

5 거기에 버터를 발라서 오븐이나 오븐토스터에,
또는 프라이팬에 노릇하게 구워주면, 수제 소시
지 완성!

치즈카나페

치 즈 카 나 페

친구랑 집에서 간단하게 맥주 한잔 하려고 한다, 그런데 안주가 없다! -.-
이런 때, 만들기 간단하면서도 은근히 럭셔리한 맥주 안주가 바로 치즈카나페랍니다~^^
한번은 홍대 근처의 분위기 괜찮은 바에 갔는데, 뻔히 눈에 보이는 재료로 만든 치즈카나페 한 접시가
7천원이나 하더라고요. 기껏 치즈카나페 7~8개 나오는 게 고작이었는데도요.
요리에 맛을 들인 이후로, 밖에서 이런 경우를 당할 때마다
'이 돈으로 집에서 해먹으면!'이라는 아줌마스러운 생각이 자꾸 든답니다.^^;;
7천원으로 수십 개의 치즈카나페를 만들 수 있답니다! 맥주와 함께 준비해보세요.

재료(2인분)

주재료 오이, 햄, 슬라이스 치즈, 크래커, 마요네즈,
　　　　체리

만드는 법

1 오이는 둥글고 얇게 썰어주고, 햄은 정사각형으
　로, 슬라이스 치즈는 4등분을 해줍니다.

2 크래커 위에 치즈와 햄을 올리고,

3 그 위에 오이를 올리고 마요네즈를 살짝 바른
　뒤,

4 체리를 올려주면, 완성! 간단하죠? ^^

요 리 총 각 의 밥 상

다양한 과자를 활용해서 색다른 맛의 카나페를 만들어보아요~

다양한 토핑

● 햄 슬라이스 햄,

● 과일 방울토마토, 동그랗고 얇게 썬 바나나, 얇게 썬 키위,

● 기타 얇게 자른 오이, 완숙한 계란 얇게 자른 것, 잘게 다져서 마요네즈에 버
무린 피클

오뉴카나페

1. 오뉴를 반으로 잘라 과도로 가운데를 분리해서,
2. 피클과 오이, 치즈, 햄을 적당한 크기로 잘라 올려주세
요. 오이와 피클 사이에 케첩을 살짝 발라 잘 접착을 해
주시고요.
3. 반 잘라둔 나머지 오뉴로 뚜껑을 덮으면, 완성!

하임카나페

1. 하임을 반으로 자르고,
2. 치즈와 햄을 하임의 가로 크기에 맞게 잘라 올린 다
음,
3. 피클과 잼을 올리면, 완성!

버터와플카나페

1. 작은크기의 와플을 구입해서,
2. 그 위에 햄과 치즈를 올리고,
3. 생오이 한조각을 올린 후 마요네즈나 샐러드드레싱을
콕 찍어 준 뒤, 체리나 다른 과일 조각으로 장식하면, 완
성!

통마늘닭다리살꼬치구이

통마늘닭다리살꼬치구이

꼬치를 좋아하시는 분들은, 정종이나 맥주 한잔 하실 때 안주로 이 녀석이 늘 그리우실 것 같네요.^^
통마늘을 이용해서 만든 통마늘닭다리살꼬치구이는 원기 회복에도 매우 좋은 안주랍니다.
힘내세요! ^0^/

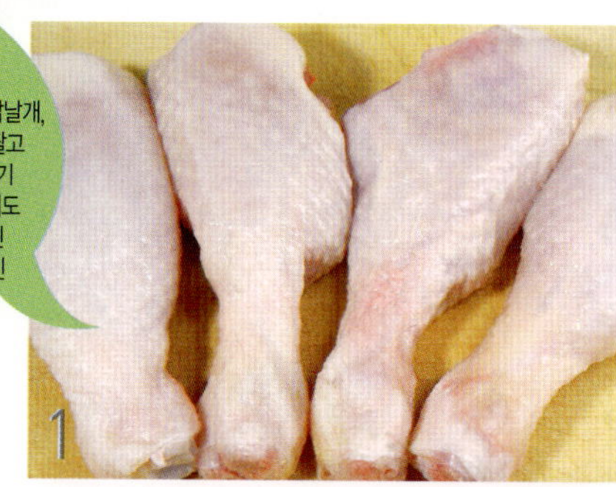

재료 (2인분)

주재료 닭다리(2~3개), 통마늘(10쪽), 간장(2큰),
청주(1큰), 물엿(2큰), 다진 생강(반큰),
후추(약간), 소금(1작), 물(1/4컵)

만드는 법

1 닭다리(2~3개)를 준비해주세요.

2 닭다리살은 껍질을 벗기고 살과 살 사이를 잘 분리해야 합니다. 한두 번 해보면 요령이 붙는답니다. 손질한 닭다리살은 후추(약간)와 소금(1작)으로 간을 해놓으세요.

3 팬에 간장(2큰), 청주(1큰), 물엿(2큰), 다진 생강(반큰), 물(1/4컵)을 넣고 끓여주세요. 보글보글 끓기 시작하면 약 1분 정도 더 끓인 다음,

4 꼬치에 통마늘과 닭다리살을 적당히 꽂아서, 팬에 퐁당 담가주세요~^^ 그리고 중간불이나 약한 불에서 천천히 속까지 다 익을 때까지 익혀주면, 완성! 익히는 도중에 레몬즙을 살짝 짜서 뿌려주시면 좋아요.^^

요 리 총 각 의 밥 상

인도풍닭안심꼬치구이

재료〈4인분〉 닭안심(300g), 청주(2큰), 대파(1뿌리), 소금(약간), 후추(약간)

소스 화이트와인(4큰), 카레가루(4큰), 요플레(3큰), 케첩(3큰), 다진 마늘(1큰), 생강즙(1작)

만들기 1. 닭안심은 씻어서 소금(약간), 후추(약간)로 간을 해두시고요, 2. 화이트와인(4큰)에 카레가루(4큰)를 개어 잘 풀어준 다음, 여기에 요플레(3큰), 케첩(3큰), 다진 마늘(1큰), 생강즙(1작)을 섞어 소스를 만들어주세요. 3. 꼬치에 닭안심과 대파를 번갈아 끼우고, 이걸 소스에 잘 담궈서 속까지 맛이 들게 10~20분 정도 재워두세요. 4. 프라이팬에 꼬치를 넣고, 중간불이나 약한불에서 천천히 속까지 다 익을 때까지 익혀주면, 완성!

가리비구이

재료(1인분)

주재료 가리비(적당히), 버터, 치즈, 소금, 후추

양념장 다진 마늘 1 : 다진 파 1 : 양파 1 : 고추장 1 : 케첩 1 : 간장 1 : 설탕 1 : 참기름 1/4 : 청주 약간

만드는 법

1 가리비는 싱싱한 걸로 준비해 윗껍질을 제거해주세요.

2 양파는 검지 손톱만 한 크기로 썰어서, 비율에 맞게 재료를 잘 섞어서 필요한 양만큼 양념장을 만들어두시고요,

3 가리비 1개당 버터(반큰)나 또는 치즈(반큰)를 올리고 약간의 소금과 후추를 뿌려주세요.

4 다른 가리비엔 양념장을 살짝 올려 구우면, 완성!

버터에 지글지글, 초고추장양념에 보글보글~
가리비 익는 소리만 들어도 술이
절로 넘어갈 것 같죠?^^
가리비구이에 차가운 맥주 한잔이면,
와~ 하루의 피로가 싹~ 풀리겠죠?^^

요리총각의 비법 전수

가리비는 산란기 전인 겨울부터 봄까지 제철이에요. 조개를 고를 땐 반드시 살아 있는 걸 고르세요. 비린내가 심하지 않고 외형이 단단한 것이 신선한 거랍니다.

요리 총각 의 밥 상

가리비회

만들기 1. 가리비의 표면을 깨끗이 씻어 그냥 두면 입을 금방 벌리는데, 그때 칼을 껍질 사이로 집어 넣어 끝까지 밀면 가볍게 가리비살을 분리할 수 있습니다. 2. 가리비살에 후추를 살짝 뿌려서 비린내를 없애주고, 거기에 참기름(1작), 초장(2큰, 초장 만드는 법은 184쪽을 참조하세요), 풋고추(1개), 채썬 마늘(반쪽)을 넣고 살짝 무쳐주면, 가리비회 완성!

가리비그라탕

만들기 가리비살 위에 피자치즈를 적당한 크기로 잘라 얹어 치즈 색깔이 갈색이 될 때까지 전자레인지에서 돌려주면, 완성!

소주맛 살려주는 안주

낙지볶음

낙
지
볶
음

오징어와 낙지, 둘 중에 하나만 고르라면 저는 당연히 낙지를 선택할 거예요.
쫄깃쫄깃하고 감칠맛이 강한 낙지! 반찬으로 먹어도 밥 한그릇 뚝딱!
소주 안주로 먹어도 짜르르 전해지는 낙지볶음의 매운 맛이 소주의 독한 맛과 환상적인 조화를 이루죠.
매콤하게 입맛을 돋우어주는 낙지볶음, 자, 지금부터 만들어볼게요~^^

주재료 낙지(2마리), 양파(반개), 대파(반뿌리),
        당근(3cm), 오이(약간), 애호박(5cm), 굵은
        소금(반작), 식용유(2큰)

매운양념장 고추장(3큰), 고춧가루(2큰), 간장(1큰),
            다진 마늘(1큰), 다진 생강(1작),
            설탕(1큰), 깨, 참기름(약간)

만드는 법

1 낙지(2마리)는 굵은 소금으로 거품이 나지 않을
  때까지 박박 문지른 다음, 깨끗한 물에 헹궈서
  먹기 좋은 크기로 잘라둡니다.

2 분량의 재료를 잘 섞어 매운양념장을 준비해두세
  요.

3 팬에 식용유를 약간 두르고 반달썰기한 당근과
  양파(반개)를 1분 안쪽으로 살짝 볶아주다가,

요리총각의 밥상

낙지덮밥

낙지볶음에 밥 비벼먹으면 그게 바로 낙지덮밥이
지요. 그래도 레시피를 알려드릴게요. 따뜻한 밥
에 쫄깃한 낙지와 매콤한 양념장이 어울러진 낙
지덮밥! 만들어볼까요?

재료 낙지(2마리), 양파(1개), 실파(5뿌리), 풋고추(2
개), 붉은고추(2개), 소금(1큰)

양념장 고추장(2큰), 고춧가루(반큰), 진간장(1큰),
참기름(반큰), 생강즙(약간), 설탕(1큰)

만들기 1. 낙지(2마리)는 소금으로 문질러 씻은
후 끓는 물에 살짝 데쳐 먹기 좋게 잘라두세요.
2. 양파(1개)와 풋고추(2개)는 굵게 채썰고 실파(5
뿌리)도 4cm 정도로 썰어두세요. 3. 양념장을 만
들어 데친 낙지에 넣고 골고루 섞어 잘 버무려
놓고, 4. 달군 팬에 2의 야채를 넣고 볶다가 어
느 정도 익으면 낙지를 넣고 센불에 재빨리 볶
아내서, 따뜻한 밥 위에 얹으면, 완성!

4 낙지를 올리고,

5 만들어놓은 매운양념장을 얹어 센불에 재료들을
  잘 섞어가며 재빨리 볶아주세요.

6 마지막에 나박썰기한 호박과 오이(약간)를 집어넣
  고 2~3분 더 볶아내면, 완성!

**요리총각의
비법전수**

낙지는 오래 볶으면 질겨져요. 센불에
빨리 볶아내야 물도 생기지 않고 연하고
맛있답니다~^^ 모든 재료를 한꺼번에
섞은 다음 식용유를 두른 팬에 넣고
바로 다 볶아내셔도
된답니다.

**내 맘대로
재료 넣기**

떡볶이떡을 같이 넣어서 볶아도
맛있고요, 당면을 넣어도
맛있어요. 소면을 삶아서
낙지볶음이랑 비벼 먹어도
맛있답니다.

어릴 적엔 닭똥집이 정말 '닭의 똥집'인 줄 알았어요. -_-;
그런 지저분한 걸 어른들이 왜 좋아하는지 이유를 알 수 없었지요.
그런데 어느덧 나이 먹고 보니, 이제 포장마차에 가면 가장 먼저 찾는 안주가
닭똥집이 되어버렸답니다. '근위'라고도 부르는 닭똥집은 닭의 모래주머니를 일컫는 속칭인데,
영양가가 아주 풍부하답니다. 쫄깃쫄깃하고 오돌토돌한 그 맛을 집에서 즐겨보자고요~^^

재료(2인분)

주재료　닭똥집(10여개), 애호박(3cm), 고추(1개),
　　　　양배추(2줌), 양파(반개)

양념장　고춧가루(2큰), 간장(1큰), 다진 마늘(반큰),
　　　　설탕(반큰), 물엿(반큰), 소금(반작), 청주(1큰),
　　　　미원(약간)

만드는 법

1 손질한 닭똥집(10여개)을 소금으로 바락바락 문지
른 후 잘 헹궈서, 먹기 좋은 크기로 자른 후 칼집
을 잘게 내주세요.

2 식용유를 두른 팬에 닭똥집을 넣고 한번 볶아줍
니다.

3 중간에 노란 물이 나오는데 그건 모두 버리고,
청주(1큰)를 넣어주세요. 그러면 노린내가 사라져
요.

4 여기에 양념장 재료를 모두 넣어주시고,

5 먹기 좋은 크기로 썬 애호박(3cm)과 풋고추(1개),
양배추(2줌)를 올린 다음, 양념장이 고루 섞이게
잘 볶아줍니다.

6 완전히 익히지 마세요. 닭똥집은 이미 한번 볶아
줬기 때문에 센불에서 재빠르게 볶아내서 야채의
아삭함이 유지되도록 해주세요. 여기에 통깨를
뿌려내면, 완성!^^

요 리 총 각 의 밥 상

닭똥집꼬치구이

닭똥집을 적당히 잘라서, 청주, 후추, 소금으로
밑간을 하고, 꼬치에 끼워서 데리야키소스를 발
라가며 팬에 구워주면, 완성!
석쇠에 구우면 더 맛있답니다~^^
데리야키소스 만드는 법은 135쪽 '닭다리살데리
야키'를 참조하세요.

해물찜

해물 좋아하시고 매운 것 좋아하시는 분들께 추천합니다. 해물찜!
여러 해물의 독특한 맛이 잘 조화를 이룬 해물찜! 매콤한 냄새가 입맛을 자극한답니다.^^

주재료 죽순(약간), 참소라(2개), 갑오징어(1마리),
        미더덕(1줌), 새우(80g), 조갯살(50g), 콩나물
        (2~3줌), 미나리(1줌), 붉은고추(1개),
        풋고추(1개)

양념장 고춧가루(3큰), 다진 파(2큰), 다진 마늘(1큰),
        찹쌀가루(1큰), 간장(3큰), 청주(1큰),
        설탕(반큰), 후추(약간)

만드는 법

1 죽순(약간)은 편으로 썰어서 끓는 물에 데치고, 갑
  오징어(1마리)와 참소라(2개)는 먹기 좋은 크기로
  적당히 썰고, 미더덕(1줌)은 깨끗이 씻어서 이쑤
  시개로 구멍을 뚫어놓습니다. 새우(80g)와 조갯
  살(50g)은 그냥 놔두세요.

2 분량의 재료를 섞어서 양념장을 준비해놓으세요.

3 너른 팬에 물(반컵)을 붓고 물이 끓으면 갑오징어
  와 참소라를 먼저 살짝 볶은 다음,

4 팬에 있는 물을 2큰 정도만 남기고 모두 버리세
  요. 그리고 나머지 해물(새우와 조갯살)을 넣고,

5 대가리와 꼬리를 다듬은 콩나물(2~3줌)과 미나리
  (1줌)를 올린 뒤, 붉은고추(1개), 풋고추(1개), 양념
  장을 얹어 5분간 쪄주세요.

6 센불에 양념이 잘 묻도록 재빨리 섞어가며 쪄줍
  니다. 그릇에 옮기고 참기름 1방울과 깨소금을
  뿌려내면, 완성!

된장포도주수육

된 장 포 도 주 수 육

저에게 텔레비전은 요리 아이디어를 얻는 중요한 창구 가운데 하나랍니다. ^^
된장포도주수육도, 포도주의 효능을 강조하는 프로그램에서 만드는 것을 보고
'아! 저거다!' 싶어서 한번 도전해본 것이랍니다. 일단 맛도 좋지만, 건강에도 아주 좋겠죠?

주재료 배추(반포기), 수육용 돼지고기(반근),
된장(1국자), 포도주(1컵), 물(3컵), 마늘(3쪽),
대파(반뿌리), 월계수잎(2장), 후추(약간)

무채양념 무(5cm), 설탕(1큰), 고춧가루(3큰),
소금(반큰), 멸치액젓(2큰), 통깨(1작),
식초(반큰)

만드는 법

1 배추(반포기)는 굵은소금에 2시간 이상 절여두세
요. 소금물(소금 1컵+물 2L)에 2시간 이상 담가두
셔도 됩니다.

2 수육용 돼지고기는 사태가 적당합니다.

3 냄비에 돼지고기(반근), 물(2컵), 대파(반뿌리), 마늘
(3쪽), 월계수잎(2장), 후추(약간)를 넣고 중불이나
약한불에서 2시간 정도 끓이다가,

4 된장 거름망을 이용해서 된장(1국자)을 풀어주고

5 팔팔 끓여주세요.

6 여기에 포도주(1컵)와 물(1컵)을 붓고 2시간 이상
익혀줍니다. 물이 너무 많이 졸아들었다 싶으면
물 반컵 정도 더 넣어주시고요.

7 무(5cm)는 채썰어서 소금에 10분간 절여두었다
가 꼭 짜서, 무채양념을 넣어 잘 버무려주세요.

8 푹 삶은 6의 돼지고기를 먹기 좋게 썰어서 그릇
에 담고, 무채와 절여둔 배추를 함께 상에 올리
면, 완성!

전 미나리가 그렇게 좋더라고요.
독특하고 향긋한 향과 함께 아삭아삭 씹히는 그 느낌!
쫄깃쫄깃한 오징어에 향긋한 미나리가 매콤한 양념에 어울러져 술맛을 돋우는, 오징어미나리!
매운 거 좋아하시는 분들에게, 강추 안주감! 지금부터 시작합니다~^^

주재료 오징어(1마리), 미나리(1줌), 양파(작은 것 1개),
       어슷썬 파(반뿌리)

매운양념장 매운 고춧가루(1큰), 그냥 고춧가루(1큰),
          간장(1큰 반), 다진 마늘(반큰),
          다시다(1작), 설탕(1작), 청주(반큰),
          소금(약간), 후추(약간)

만드는 법

1 양파(작은 것 1개)는 1cm 크기로 썰고, 파(반뿌리)
  는 어슷썰고, 미나리(1줌)는 5cm 크기로 썰어주
  세요.

2 오징어(1마리)는 내장을 제거하고 먹기 좋은 크기
  로 잘라두세요. 수산물 코너에서 오징어를 살 때,
  "손질해주세요"라고 부탁하면 내장을 제거해준답
  니다.

3 분량의 재료를 섞어서 매운양념장을 만듭니다.

4 손질한 오징어에 매운양념장을 반절만 부어서,

5 잘 버무려 냉장실에 1시간 정도 보관해두세요.

6 뜨겁게 달군 팬에 콩기름(또는 올리브유)을 두르고
  5의 버무린 오징어를 2~3분 정도 살짝 볶아내
  다가,

7 여기에 1의 야채를 올리고 반절 남은 매운양념장
  을 마저 부어 고루 섞은 다음,

8 센불에서 1~2분 내에 확– 볶아내면, 완성!

요 리 총 각 의 밥 상

미나리무침
재료〈4인분〉 미나리(300g)
양념장 간장(2큰), 고춧가루(3큰), 식초(3큰), 참기
름(반큰), 통깨(반큰), 다진 파(반큰), 다진 마늘(약
간), 설탕(반작), 소금(약간)
만들기 1. 미나리는 억센 줄기와 누런 잎을 다듬
어 흐르는 물에 깨끗이 씻은 다음 먹기 좋은 크
기로 썰어, 물기를 완전히 제거해놓으세요. 2.
분량의 재료를 섞어 양념장을 만들어서, 3. 미나
리에 양념장을 넣고 먹기 직전에 무치면, 완성!

바지락회무침

재료 (2인분)

주재료 바지락살(100g), 청주(1큰), 오이(반개)
초장 고추장(1큰), 설탕(1큰), 식초(반큰)

집에서 소주 한잔 하고 싶을 때나 갑자기 친구들이
우르르 몰려올 때가 있죠? 그때 김치쪼가리 안주 삼아서 먹으면
속 버리잖아요, 기분도 처량하고요.
이럴 때 제가 잘 써먹는 안주가 있답니다. 바로 바지락회무침!
바지락 1000원, 오이 500원이면,
은근히 고급스러운 안주가 탄생한답니다~^^

만드는 법

1 오이(반개)는 채를 썰어두세요. 차가운 물에 담가
두면 더 아삭아삭해진답니다.

2 청주(1큰)를 푼 물에 바지락을 살짝 데쳐줍니다.
바지락회무침의 바지락(100g)은 껍데기를 깐 걸
사면 편하게 요리할 수 있어요. 마트에서 구입하
세요!

3 분량의 재료를 섞어서 초장을 만들어주세요.

4 오이채 위에 데친 바지락을 올리고, 초장을 뿌려
내면, 완성!

파전

재료(1인분)

주재료 실파(반단), 부침가루(1컵), 물(1컵),
　　　　붉은고추(1개), 계란(1개), 소금(1큰)

양념장 간장(2큰), 양파(2큰), 고춧가루(1큰)

회기역 근처에 보면 파전집이 굉장히 많습니다.
해물이 듬뿍 들어가 있는 두툼한 파전을 보면, 침이 절로 넘어가지요.
인심 좋은 아줌마를 만나면 서비스도 상당히 좋답니다.
왜 비오는 날엔 자꾸 파전 생각이 날까요?
엄마가 부쳐주시던 잔치파전을 잊을 수가 없네요.
이젠 제가 직접 만들어 먹습니다. 시작해볼까요?^^

만드는 법

1 부침가루(1컵)에 계란(1개)과 물(1컵)을 넣고 반죽을
　만듭니다.

2 실파(반단)는 깨끗이 씻어서 뿌리를 제거하고 잘
　다듬어놓으세요.

3 양파(2큰)를 손톱 크기만 하게 썰어서 간장(2큰)과
　고춧가루(1큰)와 잘 섞어서 양념장을 만들어두세
　요.

4 실파를 1의 반죽에 적당히 한번 묻혀서,

5 기름을 두른 팬에 중불로 지져내면, 완성!

**요리총각의
비법 전수**

파전을 너무 안 익은 상태에서
뒤집으면 대략 낭패랍니다.-_-;
파전의 바닥이 어느 정도 익은
후에 한번에 뒤집어야
합니다.

재료(1인분)

주재료　바지락(1봉지), 무(50g), 대파(반뿌리),
　　　　버섯류(약간), 다시마(2장), 다시다(1작),
　　　　소금(1작), 후추(반작)

만드는 법

1 무(50g)는 나박썰고, 대파(반뿌리)는 어슷썰고, 버
섯과 바지락은 깨끗이 씻어두세요.

2 냄비에 물(3컵)을 붓고 거기에 다시마(2장)와 무를
넣어 7분 정도 끓여서 기본 다시를 만듭니다.

3 다시물의 색깔이 우러나오고 물의 양이 처음에
비해 반으로 졸면, 깨끗이 씻은 바지락을 넣고
센불에 팔팔 끓여줍니다.

4 한번 끓은 조개탕에 버섯과 대파를 넣고 다시다
(1작), 소금(1작)을 넣어 간을 한 뒤, 1분 안쪽으로
살짝 한번 더 끓여내면, 완성!

와인맛을 살려주는 안주

문어초절임

문
어
초
절
임

크리스마스나 연말, 또는 특별한 기념일처럼, 분위기 있게 와인 한잔 하고 싶은 날이 있잖아요.
그런데 대체 와인 안주에는 뭐가 잘 어울리는지?? -_-;;
와인은 취하기 위한 술은 아니라서 안주 문화가 많이 발달하지 않은 것 같거든요.
그런데 드디어 와인과 찰떡궁합인 안주 하나를 발견하게 되었답니다.
바로 문어초절임! 문어초절임은 화이트 와인에 기가 막히게 잘 어울리는 안주랍니다.
자, 분위기 잡고 싶은 날엔, 와인 한잔과 문어초절임을 같이 곁들여 내보세요.
사람들 눈빛이 달라질걸요~^^

주재료 문어(작은 것 1마리), 푸른 피망(반개), 붉은
피망(반개), 토마토(1개), 양파(반개)

초절임 화이트와인(반컵), 올리브유(2큰), 소금(1작),
설탕(1큰), 식초(8큰)

만드는 법

1 문어(1마리)는 끓는 물에 10~20분 정도 삶아서,

2 먹기 좋은 크기로 썰어두세요.

3 피망은 엄지손톱만 하게 썰어두고, 양파(반개)는
큼직하게 썰어서 소금물에 살짝 절인 뒤 깨끗이
씻어서, 문어와 피망, 양파를 볼에 넣어주세요.

4 초절임 양념재료를 잘 섞어서,

5 3에 초절임을 붓고 잘 섞어 약 2~3시간 정도
냉장보관해주세요.

6 토마토를 먹기 좋게 썰어 차갑게 해놓은 5의 문
어초절임과 곁들여내면, 완성!

문어조림
재료(4인분) 문어(작은 것 1마리)
조림장 물(1컵), 설탕(4큰), 사이다(4큰), 맛술(4큰),
간장(6큰)
만들기 1. 먹기 좋게 썬 문어를 소금과 식초를
약간 넣고 데쳐놓으세요. 2. 냄비에 분량의 재료
를 섞어 조림장을 끓이다가, 양이 반 정도로 졸
아들면, 3. 거기에 데친 문어를 넣고 국물 없이
문어 색이 까맣게 되도록 졸여주세요. 이때 중불
에서 조림장을 문어에 끼얹어가며 졸여주세요.
문어는 오래 졸이면 질겨지니까 소스가 적당히
배어들 정도로만 졸이세요. 4. 약간 식으면 꺼내
어 모양을 살려 문어를 썰어내면, 완성!

마늘편소고기쌈

마늘편소고기쌈

육류에 어울리는 술은 역시 레드와인이죠. 레드와인에는 기름진 안주보다는
담백하면서 깔끔한 맛이 나는 육류 안주가 정말 잘 어울린답니다.
구운 마늘을 좋아하는 친구가 마늘편소고기쌈을 먹어보고는,
그 뒤로도 해달라고 자주 조르더라고요. 물론 와인 한잔과 함께 말이죠 ~^^
와인 안주는 늘 치즈로만 때우셨다고요? 그렇다면 담백한 마늘편소고기쌈과 함께 드셔보세요.
와인 맛이 다르게 느껴질걸요~^^

재료 (2인분)

주재료 소고기(200g), 편으로 썬 마늘(반줌),
　　　　미나리(반줌), 양파(반개), 소금(1큰), 설탕(1큰),
　　　　식초(1큰), 올리브유(2큰)

소스 간장(2큰), 설탕(1큰), 물(2큰), 레몬(1쪽),
　　　생강즙(1작), 식초(반작)

만드는 법

1 미나리(반줌)는 5cm 정도 길이로 썰고, 마늘(반줌)
　은 편으로 썰어두세요.

2 양파(반개)는 손가락 굵기 정도로 썰어 소금(1큰),
　설탕(1큰), 식초(1큰)를 넣고 잠시 절인 뒤 물기를
　짜내고,

3 소고기(200g)는 편으로 썰어서 준비해두세요.

4 분량의 재료를 잘 섞어서 소스를 만들어둡니다.

5 올리브유를 두른 팬에 마늘을 타지 않게 볶아주
　세요. 마늘색이 살짝 갈색을 띨 때까지만 볶아주
　면 됩니다.

6 팬에 소고기편을 앞뒤로 살짝 구워서 그 위에 미
　나리, 마늘편, 양파절임을 올려,

7 소스에 찍어 먹으면, 완성!

해물소고기쌈
조개류나 새우, 오징어를 살짝 데쳐서 소고기편
에 싸 먹어도 와인과 아주 잘 어울린답니다.

칵테일새우샐러드

칵
테
일
새
우
샐
러
드

없어서 그렇지 돈만 많다면 양껏 먹고 싶은 것 중에 하나가 바로 '새우'랍니다.
저는 새우를 무지 좋아하거든요. 엄마는 저보고 늘 "입만 고급"이라며 구박을 하신답니다.^^;;
새우에 대한 마음을 저는 칵테일새우로 많이 달랜답니다.
새우에, 새우에 의한, 새우를 위한 새우샐러드! 상큼한 와인에 담가 더욱 깔끔하고 상큼해요.

재료(2인분)

주재료 칵테일새우(100g), 피망(약간)

와인절임 화이트와인(반컵), 소금(1/3큰), 사이다(3큰),
설탕(1큰), 식초(반큰)

소스 머스터드소스(2큰), 화이트와인(1큰),
사이다(2큰)

만드는 법

1 끓는 물에 소금을 넣고 칵테일새우(100g)를 1분
내외로 데쳐줍니다.

2 와인절임에 칵테일새우를 담가서 냉장고에 2시
간 정도 보관하세요. 칵테일새우는 마트의 수산
물 코너에 있답니다.

3 머스터드소스(2큰)에 화이트와인(1큰)과 사이다(2
큰)를 넣어 잘 개어놓으세요.

4 냉장고에 넣어 차갑게 절여놓은 칵테일새우를 접
시에 담고,

5 거기에 피망을 썰어 곁들이고,

6 소스를 뿌리면, 새우샐러드 완성!

칵테일새우로 만든 깐쇼새우
재료 칵테일 새우, 양파, 마늘, 당근, 두반장, 케
첩, 식초, 후추, 식용유, 녹말물, 물
만들기 1. 고추기름을 두른 팬에 다진 양파(1큰),
다진 마늘(1작), 다진 당근(1큰)을 넣고, 양파가 노
란색을 띨 때까지 볶다가, 2. 두반장(1큰), 케첩(1
큰), 물(1/3컵), 식초(1작 반)를 넣고 끓여주세요. 3.
후추(약간)를 뿌린 녹말가루를 칵테일새우에 묻
혀서 기름에 튀겨주세요. 4. 튀긴 칵테일새우를
2에 넣고, 5. 녹말물(녹말 1: 물 2의 비율로 섞은 것
1큰 또는 1큰 반)을 부어 3분 정도 끓이다가 마지
막에 참기름 한방울 떨어뜨리면, 완성!

나를 좌절하게
했던 요리들

전 요리를 주로 한밤중에 한답니다. 자취생활을 정리하고 집으로 다시 들어온 이후엔 '한밤중에 요리하기'가 더욱더 굳어지게 되었죠. 퇴근하고 돌아온 밤시간에야 여유가 생겨 나만의 요리시간을 가질 수 있는 탓도 있지만, 무엇보다도 낮에 주방은 온전히 엄마의 영역! 함부로 발 붙였다가는 엄마의 강력한 태클에 걸린답니다. ㅡ_ㅡ;

에디슨도 전구를 만들 때 수백 번의 실패를 거친 뒤 단 한 번의 성공을 이루어냈다고 말합니다. 사실 고등학생 땐 '이거 누가 지어낸 이야기 아니야?' 라고 생각하며 혼자서 딴지를 걸기도 했지요.

그런데 요리를 시작하고 나선, 이 말이 정말 마음에 와 닿았어요.
그 기분 아세요? 한밤중에 너무나 출출한 나머지 볶음국수를 만들었는데 소금 1작을 넣어야 할 걸 1큰을 넣어 입맛만 버린 채 쓸쓸히 방으로 들어왔을 때의 그 기분…. ㅡ_ㅡ;; 아주 비일비재한 예로, 소금을 넣어야 할 곳에 설탕을 넣고, 설탕을 넣어야 할 곳에 미원을 듬뿍 뿌려서 바로 화장실로 직행한 적도 많았다지요. ㅜ.ㅡ 요리초짜일 때, 저도 이런 실수와 실패가 무수히 많았답니다. 한번 그럴 때마다, 머릿속이 하얗게 백지가 되는 느낌이 들면서 요리에 다시 도전할 기운도 다 빠져버리곤 했죠.

케첩비빔라면에 대한 아련한 추억이 떠오르네요. 친구들과 함께 우르르 집으로 몰려와서 라면을 끓였답니다. 라면을 한꺼번에 4개나 삶고, 고추장과 케첩, 설탕, 식초를 잘 섞어서 양념장도 만들었지요. 다 삶은 라면을 찬물에 헹군 다음, 양념장에 석석 비벼서 친구들 앞에 멋지게 내놓았죠. 당시 제 나이가 중2, 그러니까 14살 때였어요. 간식거리가 귀하던 시절, 폼 잡아가며 요리랍시고 한 거였답니다. 그런데 맛을 본 제 친구들은 어떻게 됐을까요? 모두 화장실로 달려가버리더라고요. ㅡ_ㅡ; 설탕인 줄 알고 미원을 왕창 넣어버린 거예요. 전 그날 거의 몰매당할 뻔했답니다. ㅜ.ㅡ

처음 요리를 시작했을 땐, 간도 잘 못 봤어요. 소금을 보통보다 조금씩 더 넣어서 항상 짰죠. ㅡ_ㅡ; 나중에 깨닫게 된 것이, 요리를 할 땐 수분이 많아서 간이 맞다가도 완성된 요리는 처음보다 수분이 졸아들기 때문에 항상 간이 짰던 거예요.

'요리' 라는 건 처음부터 실수 없이 완벽하게 해내기가 거의 불가능하답니다. 만약 그런 사람이 있다면 연예인보다도 더 인기가 있을지 몰라요. 영국의 제이미 올리버처럼요.
부담 없이 요리를 생활화하는 것! 이것이 가장 중요하답니다.
저처럼 야식을 해먹어보면서 요리 내공을 쌓아가도 좋고요. ^^
요리 실력이 빨리 느는 또 하나의 좋은 방법은, 자신이 만든 요리를 사람들에게 먹여보는 겁니다.^^;; 과감히 친구들을 초청해보세요. 그리고 그들의 매몰차고 차가운 평가 속으로 스스로 걸어 들어가 보세요.ㅡㅡ; 유후~ 등에 식은땀이 쫙 난답니다. 그렇지만 그런 시련을 겪고 나면 어느새 한 단계 더 성장한 자신을 발견하게 될 거예요.

실수 좀 하면 어떻습니까! 저도 마찬가지였습니다. 한두 번 실패한 게 아니었죠. 특히 제빵제과류처럼, 분량을 정확히 맞춰야 하는 분야는 정말 고난이었습니다. 저는 감각을 중시하는 스타일이기 때문에 특히나 더 애를 먹었죠. 그런데 별수 없어요. 그냥 레시피에서 시키는 대로 계속 분량을 맞춰보는 수밖에. 그리고 나서 자신만의 감각을 최대한 활용해보는 거죠. 무슨 늙다리 허벅지 긁는 소리냐고 하시겠지만, 결국 기본에서부터 시작하는 것이 가장 좋다는 말이랍니다.

집을 짓잖아요. 그럼 설계도대로 하죠. 그 설계도의 오차는 노련한 건축가라면 알아서 수정해가겠지만, 초보 건축가는 설계도를 그대로 따라할 수밖에 없는 것과 같아요. 죽이 되는 밥이 되든 말이에요. 그러면서 배워가고, 점점 더 노련한 건축가로 재탄생하는 것이라고나 할까요? ^^

자! 그러니 좌절은 절대 금물입니다! 그냥 주방에 가서 도마 앞에 서세요. 그리고 칼을 들고 요리를 시작해보는 겁니다. 저도 해냈으니까요! 자, 모두들 파이팅!^0^/

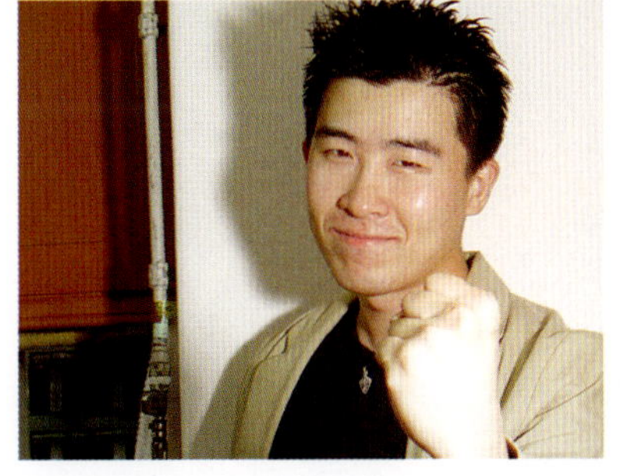

싱글의 저녁식사엔
뭔가 특별한 것이 있다

쫄깃쫄깃 면요리

면요리가 없다면 싱글의 저녁식사가 얼마나 재미없을까요?
저는 면요리를 정말 좋아한답니다.
쫄깃쫄깃 부드러운 면발에, 시원한 국물!
맛있고 다양한 면요리의 세계에 함께 도전해보아요!^^

한그릇 뚝딱 일품요리

반찬 없이 한 그릇 뚝딱! 맛있고 간편하게 먹을 수 있는
일품요리야말로 싱글에겐 없어선 안 될 존재이죠!^^
내 맘대로 간편하게! 함께 일품요리에 도전해볼까요?

쫄깃쫄깃 면요리

옛날비빔국수

옛날비빔국수

요즘은 옛날비빔국수를 찾아보기가 힘들어진 것 같아요.
사실 김치국물에 양념해서 짠지를 올려 먹어야 진정한 옛날비빔국수라고 할 수 있죠.
이번엔 제 나름대로 양념을 살짝 변형해보았답니다. ^^
그래도 이 정도면 '옛날'의 추억이 느껴지지 않나요? ^^

재료 (1인분)

주재료 소면(반줌), 오이(약간), 당근(약간), 무순(약간)

양념장 대파(반뿌리), 붉은고추(반개), 설탕(1큰 반),
        식초(1큰 반), 깨(2큰), 고추장(2큰),
        참기름(1큰), 키위 간 것(또는 사과 간 것 약간)

만드는 법

1 당근(약간)과 오이(약간)는 채를 썰어서, 무순과 함께 준비해두세요.

2 대파(반뿌리)와 붉은고추(반개)는 깨끗이 씻어서 어슷썰어 놓으세요.

3 양념장 재료를 모두 믹서에 넣고 잘 갈아주세요. 믹서가 없으면, 고추 대신 고춧가루(1큰)에 대파를 다져서 나머지 양념장 재료와 섞어서 사용하세요. 레시피대로 만들면 꽤 넉넉한 양의 양념장이 만들어집니다. 밀폐용기에 보관해놓고 두고두고 쓰세요.

4 소금(1큰)을 푼 물이 팔팔 끓을 때 소면(반줌)을 넣고 2분 정도 삶아서 찬물에 헹군 다음,

5 그릇에 예쁘게 담아주세요.

6 그 위에 채썬 야채를 올리고 양념장을 끼얹으면, 완성!

초간편 비빔국수

양념장 만들기 귀찮으신 분들, 이 방법을 사용해 보세요.

만들기 1. 김치국물(2국자)에 물(반국자)을 붓고, 2. 설탕(약간)과 소금(1작)으로 간을 한 다음, 3. 참기름 약간 넣고, 김치를 송송 썰어서 얹은 뒤, 4. 삶아서 찬물에 헹군 소면을 넣고 썩썩 비비면, 완성! 정말 간편하고 맛있는 옛날비빔국수가 탄생한답니다~^^

고추장수제비

고추장수제비

고추장수제비는 마치 맛있는 떡볶이국을 먹는 느낌이랄까요? ^^
매콤한 그 맛이 별미이면서 배도 든든해진답니다.
늘 맑은 수제비만 만들어 드셨다면, 이참에 도전해보세요.
매콤한 국물에 쫄깃한 수제비가 동동~ 색다른 그 맛에 반하실걸요? ^^

재료(1인분)

주재료　국멸치(10개), 다시마(2장), 감자(반개),
　　　　호박(반줌), 대파(반줌), 양파(반줌), 다진
　　　　마늘(1작), 고추장(2큰), 소금(1작), 후추(약간)

반죽　밀가루(100g), 식용유(4큰), 물(1큰), 소금(2작)

만드는 법

1　호박(반줌), 양파(반줌), 대파(반줌)를 먹기 좋게 썰
　어주세요.

2　수제비 반죽 재료를 볼에 넣고 찰지게 반죽을 해
　줍니다.

3　반죽은 딱딱해선 안 됩니다. 만약 반죽이 딱딱하
　다면 물이나 식용유를 조금만 더 넣으세요.

4　물(2컵)에 국멸치(10개)와 다시마(2장)를 넣어 5분
　정도 끓여서 다시물을 만들어놓고,

5　여기에 고추장(2큰)을 넣어 잘 풀어준 다음,

6　반죽된 수제비를 얇고 넓게 펴서 떠 넣습니다.

7　1의 썰어 놓은 양파와 호박을 넣고,

8　다진 마늘(1작), 소금(약간), 후추(약간)로 간을 하
　고, 마지막으로 대파(반줌)를 넣고 한소끔 더 끓여
　내면, 완성!

요 리 총 각 의 한 마 디

밀가루 반죽 쫄깃하게 하려면

● 밀가루에 물과 식용유를 섞어서 반죽하면 정말
쫄깃하답니다.
● 반죽은 찬물에 하세요. 그리고 밀가루를 오래
치댈수록 쫄깃한 건 다 아시죠?^^
● 밀가루 반죽을 비닐에 넣어 냉장고에 1시간 정
도 넣어두면 훨씬 쫄깃하답니다.
● 밀가루 반죽에 계란을 깨뜨려 섞어도 쫄깃해
요.

바지락칼국수

바지락칼국수

바지락엔 피로를 효과적으로 풀어주고 간을 좋게 하는 성분이 있다네요.
뭐, 굳이 이런 효과를 따지지 않더라도 일단 그 시원한 국물맛에 두손 두발 다 들게 되잖아요!^^
단지 바지락을 넣는 것 하나만으로 행복한 맛을 보장하는, 시원하고 깔끔한 바지락칼국수!^^

재료 (1인분)

주재료 칼국수(150g), 바지락(1봉지), 국멸치(10개),
  다시마(2장), 풋고추(1개), 대파(1/4뿌리),
  애호박(3cm), 버섯(약간), 다시다(2작),
  설탕(1작), 후추(약간), 소금(약간), 물(2컵 반)

양념장 간장(2큰), 다진 파(1작), 다진 마늘(1작),
  참기름(1큰), 통깨(약간)

만드는 법

1 바지락은 봉지로 파는 것을 사서 깨끗이 씻어주
  세요. 봉지에 든 바지락은 살아 있어서 아주 싱
  싱하거든요~^^

2 물(2컵 반)에 국멸치(10개)와 다시마(2장)를 넣어
  5분 정도 팔팔 끓여 다시물을 만든 다음,

3 끓는 다시물에 바지락을 넣고 바지락 입이 벌어
  질 때까지 삶아주세요.

4 바지락 끓는 동안, 호박은 채썰고, 버섯, 풋고추,
  대파는 어슷썰어두세요.

5 분량의 재료를 잘 섞어서 양념장을 만들어놓고,

6 칼국수는 생면(1인분)을 준비해주세요.

7 3의 삶은 바지락은 체에 밭쳐서 바지락과 바지
  락국물을 분리해주세요. 그리고 바지락국물에 면
  을 삶아주다가,

8 미리 썰어두었던 야채와 버섯을 집어넣고 다시다
  (2작), 소금(약간)을 넣어 간을 한 뒤, 한소끔 더
  끓여서 그릇에 담아내세요. 그리고 체에 따로 밭
  쳐두었던 바지락을 위에 올리면, 완성! 양념장과
  함께 내세요~^^

자장면

자
장
면

한밤중, 갑자기 뭔가 먹고 싶은 때가 있어요. 그것도 매우 강렬하게 말이에요.
그런데 전 이상하게 그럴 때 떠오르는 메뉴가 바로 자장면이에요!
어릴 때부터 뭐 먹고 싶으냐고 물으면, 왜 늘 '자장면'이 제일 먼저 떠오르는지! ^^
그래서 전 언제든 집에서 해먹을 수 있게 늘 춘장을 준비해놓고 있답니다.
자, 춘장 사러 갑시다! 싸요! 자장면, 이제부턴 집에서 만들어 먹자고요~^^

주재료 생면(150g), 호박(2cm), 양파(1/4개),
        감자(1/4개), 햄(20g), 춘장(1큰 반), 녹말(1큰),
        물엿(1큰), 설탕(반큰), 소금(반작)

만드는 법

1 호박(2cm), 감자(1/4개), 양파(1/4개)를 먹기 좋게
  썰어서 준비해두세요. 호박은 직사각형으로 썰어
  주세요. 감자는 큼지막하게 썰어도 괜찮아요.

2 햄은 옵션이에요. 적당히 준비하셔서 뜨거운 팬
  에 기름을 두르고 한번 볶아내세요. 없으면 안
  넣어도 된답니다.

3 여기에 감자, 호박, 양파 순으로 넣고 센불에 1분
  안쪽으로 빠르게 볶아낸 다음,

4 춘장(1큰 반)을 넣어 야채와 잘 섞으면서 볶다가,
  춘장이 고르게 섞였으면 찬물(반컵)을 넣어 감자
  가 잘 익도록 끓여주세요.

5 그리고 물엿(1큰), 설탕(반큰), 소금(반작)으로 간을
  맞추고, 녹말물(녹말 1큰+찬물 반큰)을 넣어 농도를
  조절하면,

6 걸쭉한 자장이 만들어진답니다. ^^

7 면을 한번 삶아서 자장에 넣고 잘 볶아내면, 자
  장면 완성!

요 리 총 각 의 한 마 디

자장면 더 맛있게 만드는 비법

● 국산춘장보다는 중국춘장을 사용하는 것이 맛
이 더 좋아요. 국산춘장은 짠맛이 강하니 중국춘
장의 반 분량만 사용하도록 하세요.
● 춘장을 오래 볶는 것이 중요해요. 자장은 오래
볶아야 맛이 있어요. 이때 식용유를 넉넉히 넣어
주세요.
● 굴소스를 사용해보세요. 자장 소스의 간을 굴
소스로 맞추면 감칠맛이 더하답니다.
● 생면에 붙어 있는 밀가루를 털어내고, 면을 삶
을 물에 참기름 한방울을 떨어뜨리면, 밀가루 냄
새가 사라지고 면도 쫄깃쫄깃해져요.

짬뽕

얼큰한 국물이 유난히 먹고 싶은 날이 있죠? 그럴땐 짬뽕이 딱-이죠!
중국집에서 짬뽕을 시켜 먹으면, 흔히 식어버렸거나 불어서 짬뽕의 제맛을 느끼기 힘들잖아요.
집에서 즉석에서 끓여서 바로 먹는 얼큰하고 뜨끈하고 탱탱한 짬뽕!
얼큰한 짬뽕국물에 속이 다 시원하네요~^^

재료(1인분)

주재료 새우(3~4개), 새송이버섯(또는 표고버섯 1개), 소라(1개), 죽순(약간), 피망(약간), 청경채(1개), 양파(1/4개), 대파(1/4개), 마늘(2쪽), 건고추(반개), 청주(1큰), 고춧가루(1큰), 간장(1큰), 소금(반큰), 후추(약간), 물(1컵 반)

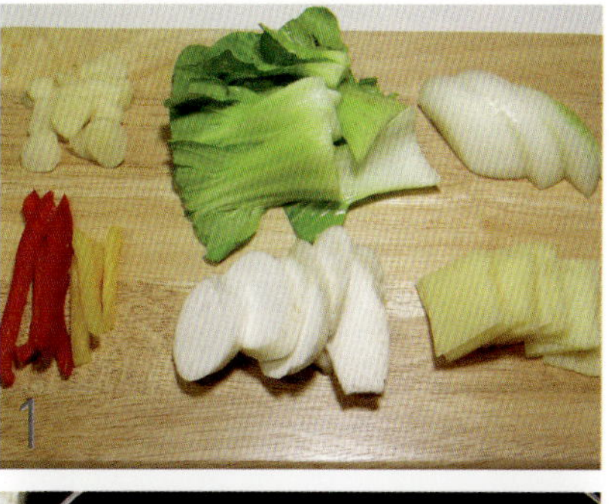

만드는 법

1 야채는 씻어서 먹기 좋게 썰어두세요. 청경채(1개)는 반으로 자르고, 양파(1/4개)는 손가락 굵기만큼, 죽순(약간)과 마늘(2쪽), 소라(1개)는 편으로 자르고, 새우(3~4개)는 통째로 사용하세요.

2 일단 고추기름을 만들어야 합니다. 실고추(1개)나 건고추(1개)를 식용유(3~4큰)에 잘 볶아주세요.

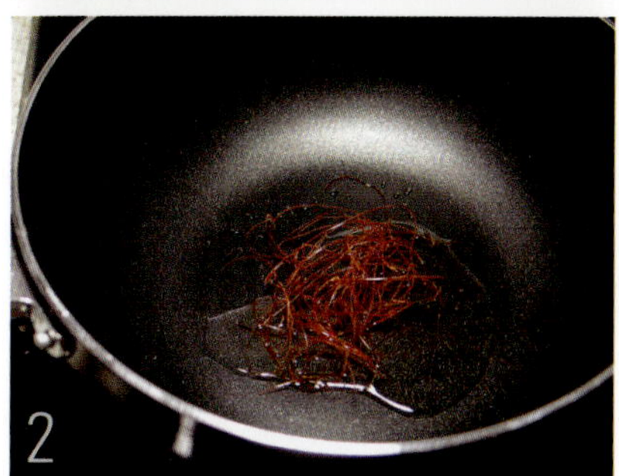

3 고추기름의 색깔이 나왔답니다. 매운 거 좋아하시면 청양고추를 약간 썰어서 같이 볶으셔도 좋아요.

4 고추기름에 야채를 볶아주세요. 채썬 대파(1/4개)와 편으로 썬 마늘(2쪽)을 넣고 센불에 약 30초만 가뿐하게 볶아주세요. 생강을 넣으실 분은 넣어도 좋아요.

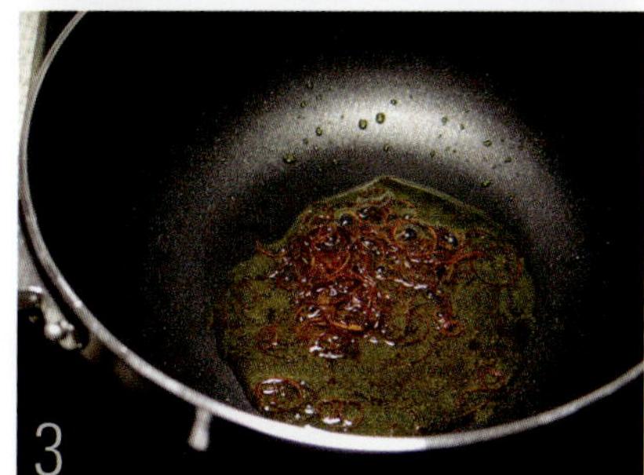

5 여기에 고춧가루(1큰)를 넣고, 양파(1/4개)와 청경채(1개), 버섯(새송이버섯이나 표고버섯으로 1개), 죽순(약간)을 역시 센불에 1분 미만으로 후딱 볶다가,

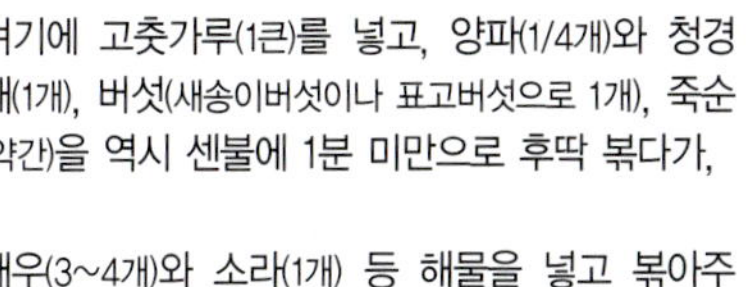

6 새우(3~4개)와 소라(1개) 등 해물을 넣고 볶아주세요. 이때 청주(1큰)을 넣어서 해물의 비릿한 냄새를 없애주시고요.

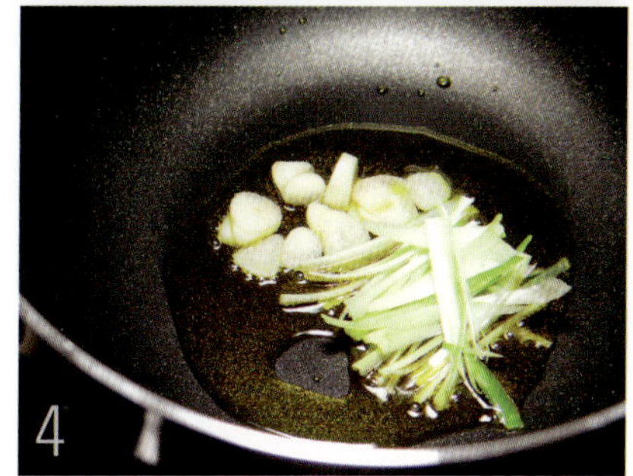

7 그리고 물(1컵)을 붓고 국물을 2분 정도 우려내다가 간장(1큰), 소금(반큰), 후추(약간)로 간을 하고, 물이 끓을 때 다시 물(반컵)을 더 넣고 끓여주면 짬뽕 국물 완성!

8 생면을 잘 삶아 찬물에 헹궈 그릇에 담고, 거기에 짬뽕 국물을 부어내면, 완성! ^^

요리종각의 비법 전수

얼큰한 거 좋아하시면, 매운 청양고추를 썰어 넣거나 매운 고추기름을 좀더 넣으세요. 무턱대고 고춧가루를 많이 넣는 건 피해주세요!

내 맘대로 재료 넣기

국물을 만들 때 오징어, 조개, 해삼 등을 넣으면 해물짬뽕이 되겠죠? ^^

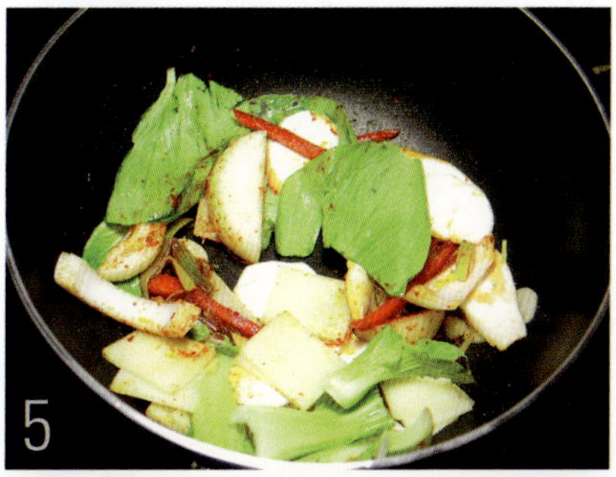

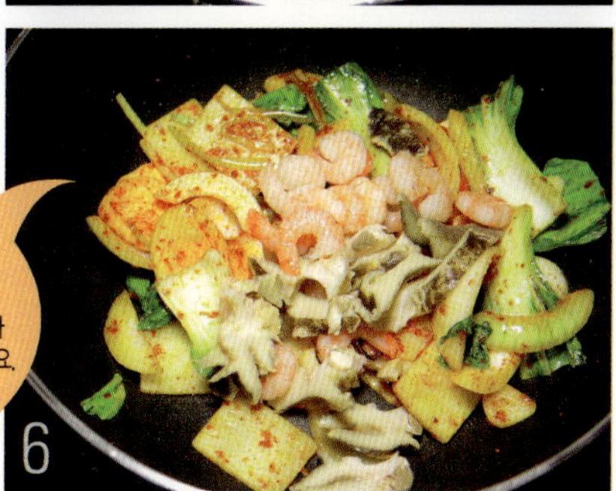

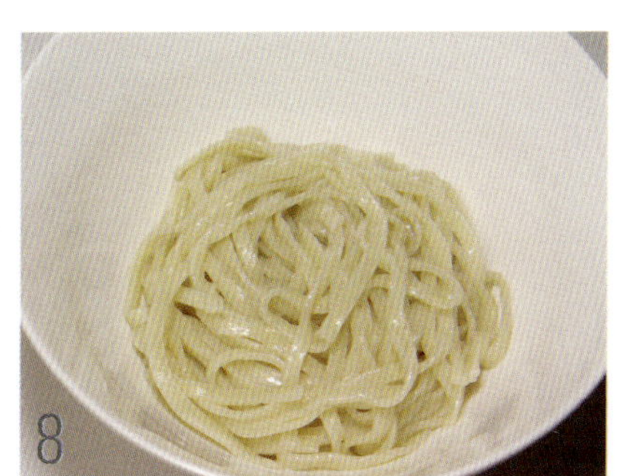

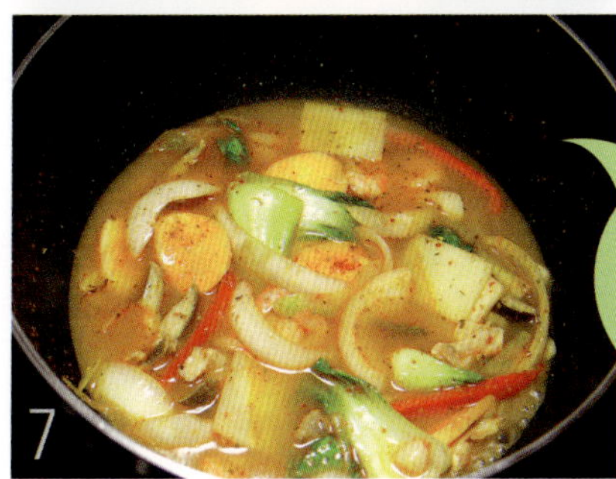

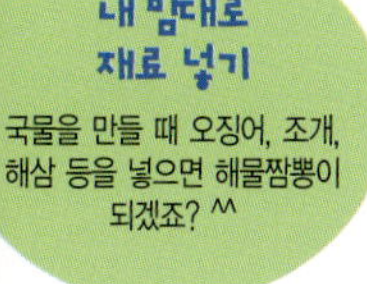

굴소스볶음국수

굴소스볶음국수

굴소스가 들어갔으니까 일단 중화풍 이고, 우동면발을 볶아내니까 일본식 이고…
그래서 제 마음대로 붙인 이름이, 바로 '중화풍 일본 굴소스볶음국수'랍니다~ 하하하~ 거창하죠?^^
하지만 만드는 법은 정말 간단하답니다. ^^

재료(1인분)

주재료 양파(1/4개), 당근(1/4개), 죽순(100g),
마늘(1쪽), 식용유(2큰), 청경채(100g), 붉은
고추(반개), 풋고추(반개), 분홍어묵

양념장 굴소스(1큰), 간장(3큰), 설탕(1큰), 소금(반작),
후추(1/3작)

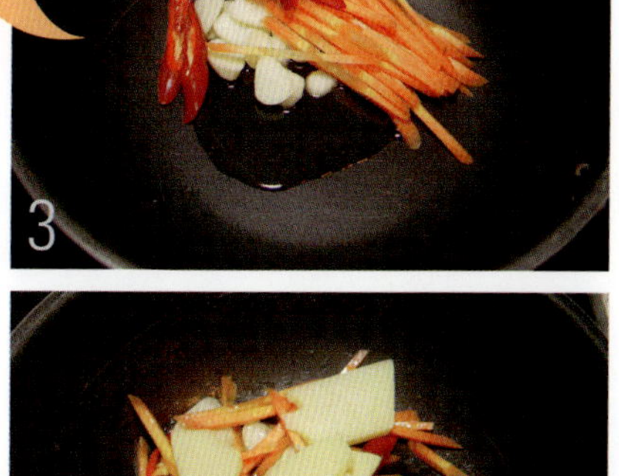

만드는 법

1 준비한 야채는 깨끗이 씻은 다음, 야채와 오뎅을
먹기 좋은 크기로 썰어놓고, 분량의 재료를 섞어
서 양념장도 만들어두세요.

2 마트에서 파는 우동면발을 준비해서, 끓는 물에
삶아 다 익기 전에 꺼내 찬물에 헹궈주세요. 제
품을 사면 보통 면발이 엉겨 있는데, 그 엉겨 있
는 면발이 풀어지면 불에서 바로 내리면 됩니다.

3 식용유를 두른 팬에 편으로 썬 마늘(1쪽), 붉은고
추(반개)와 풋고추(반개), 먹기 좋게 썬 당근(1/4개)
을 한꺼번에 넣고 살짝 볶아낸 후에,

4 죽순(100g)을 넣고 한번 더 볶아주세요. 센불에
30초 정도만 볶아내면 됩니다.

5 여기에 삶아놓은 우동면발을 넣고,

6 청경채와 양파, 그리고 양념장을 넣어서 센불에
1분이 안 되게 재빨리 볶아내면, 완성!

굴소스를 이용하면 음식맛이 살아나요~^^

마트에서 파는 '이금기 프리미엄 굴소스'를 추천합니다. 굴소스는 생굴을 소금물에 담가 발효시킨 후 위의 맑은 물을 떠내고 간장 상태로 만든 건데, 그 향기와 감칠맛이 음식의 맛을 한결 살려준답니다. 진한 굴소스의 경우, 많이 넣으면 느끼하고 짜니까 조금만 넣도록 하세요. 그럼 굴소스 활용법을 알아볼까요?

● 볶음요리나 조림요리에 간장 대신 굴소스를 조금만 넣어보세요. 감칠맛이 살아나요.
● 고기 재울 때도 굴소스를 약간만 넣으면 특유의 향과 감칠맛을 더한답니다.
● 볶음밥 만들 때, 굴소스를 조금 넣고 잘 볶으면 훨씬 맛있는 볶음밥이 탄생합니다.
● 오므라이스 만들 때, 케첩이랑 굴소스를 같이 섞어서 사용해보세요.
● 마른 오징어 먹을 때, 마요네즈에 굴소스를 약간 섞어서 찍어 먹어보세요.
● 집에 있는 야채, 과일, 햄, 고기 등등의 재료를 가늘게 채썰어서 라이스페이퍼나 얇은 밀전병이나 또는 김에 싸서 굴소스 조금 뿌려서 먹어도 맛나답니다.

베트남쌀국수

베
트
남
쌀
국
수

숙주나물에서 우러나온 시원한 국물! 피시소스와 칠리소스가 빚어내는 색다른 맛의 조화!
처음 쌀국수를 맛보곤, 어떻게 저런 재료들이 섞여서 이런 맛을 내는지 너무 궁금하더라고요.
이제, 쌀국수는 제가 집에서 자주 해먹는 십팔번요리가 되었답니다.
간만에 회사에서 조금 일찍 퇴근한 날, 큰맘 먹고 육수를 끓여놓고
3일간 베트남쌀국수만 먹은 적도 있다니까요~^^

주재료 쌀국수(2인분), 양지머리(또는 사태 300g),
닭날개(2개), 닭목뼈(1개), 숙주나물(2줌),
대파(1뿌리), 레몬껍질(3~4개), 마늘(2개),
양파(1개)

양념장 피시소스(없으면 멸치액젓 2큰), 레몬(2쪽),
레몬즙(2큰), 설탕(1큰), 다진 붉은고추(1큰),
다진 풋고추(1큰), 핫소스(1큰)

만드는 법

1 일단, 육수를 내줘야 해
요. 물(4컵)에 양지머리
(300g)와 대파(1뿌리),
마늘(2개), 닭날개(2개),
닭목뼈(1개)를 레몬껍질(3
~4개)과 함께 넣어 푹 삶아주
세요. 최소한 1시간 이상 삶아야 됩니다. 물이 좀
많이 졸았다는 생각이 들면 적당히 더 넣어주시
고요.

2 쌀국수는 대형 할인마트나 백화점에서 구입할 수
있어요. 한번 사놓으면 꽤 오래 두고 먹을 수 있
어서 저는 한번에 몇 봉지씩 사놓습니다. 육수가
끓고 있는 동안, 쌀국수를 찬물에 넣고 20분 정
도 불려주세요.

3 육수가 완성되었으면 하얀 면보에 두번 정도 걸
러주세요. 그러면 기름과 거품이 제거되어 국물
이 깔끔해진답니다. 국물이 참 뽀얗죠? ^^

4 다진 붉은고추(1큰)와 다진 풋고추(1큰)에, 피시소
스(없으면 멸치액젓 2큰), 레몬즙(2큰), 설탕(1큰), 핫
소스(1큰)를 넣고 잘 섞어서 양념장 만들어놓습니
다.

5 찬물에 잘 불린 쌀국수를 끓는 물에 데치듯이 3
분 정도만 삶은 다음, 체에 밭쳐 물기를 적당히
빼놓으세요.

6 그릇에 쌀국수를 담고 그 위에 깨끗이 씻은 숙주
와 양파지단, 삶은 양지머리를 올려줍니다. 양파
를 손가락 굵기로 썰어서 소금(반큰)에 20분간 재
워 놓은 후 물에 잘 씻어서 식초(반큰)와 설탕(2
작)으로 간을 하면, 쌀국수의 지단으로 훌륭하답
니다.~ 양념장은 작은 그릇에 담고, 레몬을 사람
수에 맞게 썰어서 양파지단과 함께 다른 그릇에
예쁘게 담아내고, 먹기 직전 쌀국수에 육수를 부
으면 완성!

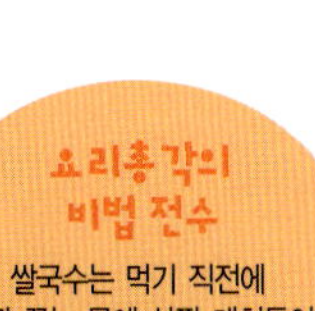

쌀국수 면도 여러 가지 종류가 있어요~^^

버미셀리 약간 불투명하고 철사줄처럼 얇은 국
수. 국물 있는 국수에 주로 쓰죠.
셋미 1~2mm 정도 두께의 국수. 볶음과 국물요
리에 두루 쓰이고, 가장 많이 쓰이는 국수예요.
굵은 면 1cm가 넘어요. 국물에도 쓸 수 있지만,
특히 볶음에 쓰면 요리가 푸짐해 보여서 좋아요.
멍빈누들(mung bean noodle) '멍빈(mung
bean)'은 '녹두'라는 뜻. 샐러드나 스프링롤(라이
스 페이퍼에 각종 고기, 해산물, 야채 등을 싸서 먹거나
튀겨 먹는 요리)에 자주 쓰이는, 투명한 실 같은 국
수예요.

과일비빔쌀국수

재료 (1인분)

주재료 쌀국수(150g), 방울토마토(10개), 오렌지(1개), 복숭아(1개), 양상추(50g), 숙주(50g), 무순(약간)

드레싱 레몬즙(2큰), 피시소스(없으면 멸치액젓 2큰), 칠리소스(2큰), 깨소금(1작), 설탕(2작), 다진 양파(1/4컵), 오렌지즙(1/4컵), 소금(반작)

쌀국수를 맛본 후로는, 담백하고 가벼운 그 맛에 반해서
국수가 먹고 싶다 하면 쌀국수를 자주 만들어 먹게 되었답니다.
오늘은 조금 색다르게 과일로 만든 비빔쌀국수에 도전해볼까요?
상큼하고 시원한 과일이 쌀국수와 함께 입에서
아삭아삭 사르르 녹는답니다. ^^

만드는 법

1 과일은 취향대로 준비해서 깎아두면 된답니다.
저는 방울토마토, 오렌지, 복숭아를 준비했어요.

2 드레싱 재료를 잘 섞어서 냉장실에 시원하게 보관해두시고요.

3 소금(약간)을 넣은 물에 쌀국수를 넣고 면발이 투명해질 때까지 삶은 다음, 찬물에 면을 잘 헹궈주세요.

4 넓은 쟁반에 쌀국수를 담고 그 위에 깎은 과일을 예쁘게 얹어주세요. 드레싱을 붓고 얼음 몇 개 넣어서 잘 비비면, 완성! ^^

냉메밀국수

재료(1인분)

주재료 메밀국수(1줌), 국멸치(10개), 가다랭이포(1줌),
물(2컵 반), 무 간 것(1큰 반), 다시마(1쪽),
청주(3큰), 대파(1/3뿌리), 국간장(2큰),
소금(약간), 와사비(약간)

만드는 법

1 냄비에 국멸치(10개), 가다랭이포(1줌), 다시마(1쪽),
대파(1/3뿌리), 청주(3큰)를 넣고 끓여서 적당히 국
물을 우려내주세요. 국물이 끓기 시작하면 5분
정도 더 끓여주면 적당합니다. 국간장(2큰)으로
적당히 색깔을 맞추고 소금(약간)으로 간을 맞춰
서 두어소끔(1~2분) 더 끓여주세요.

2 면보에 맑은 국물만 밭쳐 내린 후, 그 국물을 냉
장고에 넣어 시원하게 식혀주거나 냉동실에 넣어
살짝 얼려주세요.

3 대파 다진 것(1/3뿌리 또는 무 간 것 1큰 반)과 와사
비(약간)를 준비해두세요.

4 건메밀면은 요즘 마트에서 팔고 있어요. 잔치국
수 같은 느낌인데 메밀을 첨가해서 훨씬 더 맛있
답니다. 건메밀면을 삶아서 찬물에 헹궈 우동그
릇에 잘 담아두세요.

5 여기에 차갑게 해놓은 국수장국을 붓고 무 간 것
과 와사비를 함께 내면, 완성!

간단콩국수

간 단 콩 국 수

참 신기하게도, 나이 드니까 입맛도 변하더군요. 한국적인 입맛이 살아난다고나 할까~ ^^
어릴 땐 콩국수는 쳐다보지도 않았는데… 어느 여름날 할머니가 해주신 콩국수를
한 젓가락 맛보고는! 그 구수하고 시원한 맛에 반해버렸답니다.
인터넷 서핑하다가 발견한 간단콩국수 레시피!
직접 해봤는데 간편하면서도 맛있는 콩국수가 나오더라고요. 함께 만들어볼까요? ^^

주재료 소면(1줌), 두부(1/4모), 우유(1컵),
        오이채(약간), 토마토채(약간), 소금

만드는 법

1 두부(1/4모)를 준비하셔서,

2 두부와 함께 우유(1컵)를 믹서에 넣고 잘 갈아주
   세요.

3 소금을 약간 넣은 물에 소면(1줌)을 삶아서 찬물
   에 잘 헹군 다음,

4 그릇에 예쁘게 담고 2의 두부+우유를 부으면,
   간단콩국수 완성! 오이채와 토마토채를 위에 얹
   고 간은 소금으로 적당히 맞춰서 드시면 된답니
   다. ^^

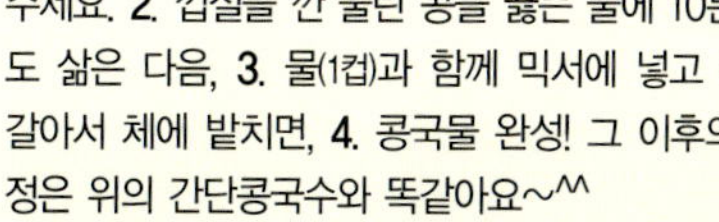

요리 총각 의 밥상

진짜콩국수

진짜콩국수는 조금 복잡한 과정을 거쳐서 완성된답
니다.

만들기 1. 일단 흰콩(또는 노란콩 1컵)을 하루 정도
물에 충분히 불린 뒤, 손으로 비벼서 콩껍질을 까
주세요. 2. 껍질을 깐 불린 콩을 끓는 물에 10분 정
도 삶은 다음, 3. 물(1컵)과 함께 믹서에 넣고 곱게
갈아서 체에 밭치면, 4. 콩국물 완성! 그 이후의 과
정은 위의 간단콩국수와 똑같아요~^^

비빔냉면

재료(4인분)

주재료 냉면(400g), 소고기(150g), 오이(1개),
무(3cm), 배(1/4개), 삶은 계란(2개), 오이(1개),
김치(반포기)

비빔양념장 고추장(4큰), 고춧가루(3큰), 배즙(2큰),
양파즙(2큰), 설탕(4큰), 식초(4큰), 다진
파(3큰), 마늘(1큰), 깨소금(1큰 반),
참기름(1큰), 간장(1큰 반), 육수(4큰),
소금(2작)

전 여름엔 시원한 물냉면을 즐기고,
다른 계절엔 비빔냉면을 즐겨 먹어요.
매운 비빔양념장에 면을 삭삭 비벼서 몇 젓가락 뜨면 머리에서부터
땀이 송글송글 맺히기 시작한답니다.
그래도 시원한 배 한쪽으로 얼얼한 입안을 달래주 면서 젓가락은 계속 비빔냉면을 향하죠~
집에서 맛있게 비빔냉면을 즐겨볼까요 ?^^

만드는 법

1 오이(1개)는 어슷썰어 반으로 자르고, 무(3cm)는
오이와 비슷한 크기로 채를 썰어서, 각각 소금에
10분 정도 절인 다음 물에 헹궈 물기를 짜두세
요.

2 비빔양념장의 재료를 한데 넣어 잘 섞어주세요.

3 김치(반포기)를 종종 썰어서 준비해두시고요,

4 팔팔 끓는 물에 면 가닥을 풀어서 넣고 2분 내외
로 삶은 뒤 찬물에 헹궈주세요. 면발이 쫄깃하면
서도 심이 없이 부드러우면 성공입니다.^^
잘 삶은 면을 그릇에 담고, 그 위에 삶은 계란,
절인 오이, 절인 무를 올린 다음, 비빔양념과 김
치를 얹으면, 완성! 육수 얼린 걸 한조각 올려서
먹어도 좋답니다.^^

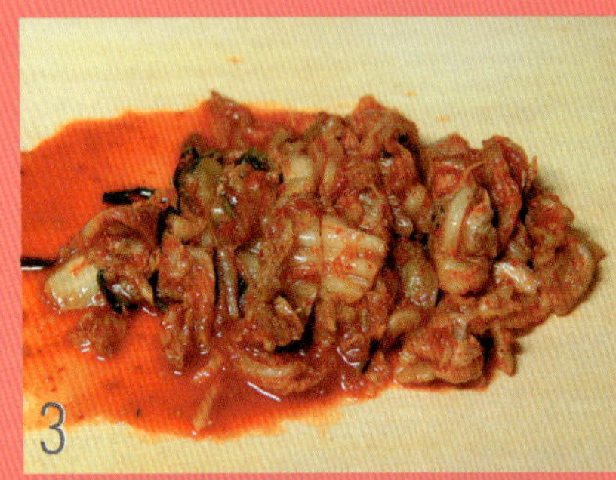

한그릇 뚝딱 일품요리

참치콘볶음밥

참 치 콘 볶 음 밥

참치는 고소하고, 옥수수통조림은 달콤하죠.^^
둘이 만나면 어떤 맛이 날까요?
고소하면서도 달콤해서 입에 착착 달라붙는 젊은 감각의 볶음밥을 소개합니다~^^

만드는 법

1 당근은 주사위 모양으로, 피망은 엄지손톱만 하
게 썰어두세요.

2 공기밥(1공기)에 옥수수통조림(4큰)과 참치(반캔)를
부어 기름이 조금 배어들게 하고,

3 공기밥에 기름이 배어들 동안, 팬에 버터(1큰)를
두르고 당근(3큰)을 볶아주세요.

4 거기에 붉은 피망(2큰)과 푸른 피망(2큰)을 넣어
같이 볶다가 소금(반작), 후추(약간)로 약간 싱겁다
싶을 정도로 간을 하고,

5 여기에 2의 공기밥을 부어서 다시 한번 잘 볶아
내면, 완성!

6 케첩을 뿌려 먹어도 좋아요!

요 리 총 각 의 한 마 디

볶음밥 맛내기 위한 몇 가지 팁

● 야채를 볶을 때는 단단한 야채 순서대로 볶으
세요.
　감자 → 당근 → 양파 → 피망 → 새우 → 밥
● 프라이팬에 버터와 식용유를 반씩 섞어서 쓰면
맛이 더욱 좋답니다.
● 굴소스를 활용해보세요. 소금 대신 굴소스로
간을 맞춰보세요. 특히 참치볶음밥엔 굴소스가
아주 잘 어울린답니다.
● 카레 좋아하시는 분들은 마지막에 카레가루를
뿌려서 잘 섞어서 볶아내도 맛나답니다.
● 마지막에 짜장가루를 솔솔 뿌려주면 소금간을
안 해도 간도 딱 맞고 맛도 좋아요.
● 치즈 좋아하시는 분들, 마지막 단계에 피자치
즈를 넣으면 쫀득쫀득 맛있는 볶음밥을 맛볼 수
있답니다.

콩나물밥

콩나물밥

예전에 할머니께서 콩나물밥을 자주 해주셨어요.
저희 할머닌 기름기 많은 삼겹살을 넣어서 콩나물밥을 지으셨거든요.
양념장에 슥슥 비벼서 한그릇 뚝딱 해치웠던 어릴 적 기억이 아직도 생생하네요.
아삭아삭한 콩나물에, 맛있는 양념장 하나만 있으면 별미 콩나물밥이 완성됩니다.
자, 따라해보세요~ ^^

주재료 불린 쌀(1컵), 콩나물(2줌), 돼지고기(1줌)

고기양념 간장(1큰), 깨소금(1작), 설탕(2작), 다진
         마늘(2작), 참기름(1작), 후추(약간)

간장양념장 간장(2큰), 다진 파(1작), 다진 마늘(1작),
           참기름(1큰), 통깨(약간)

요리총각의 비법 전수

물의 양은 밥 지을 때 필요한
물의 양만큼만 맞춰주세요. 물의 양을
못 맞추시겠다면 전기밥솥을 이용하세요.
그 경우엔, 쌀을 불릴 필요가 없어요.
전기밥솥을 이용하실 분은, 90쪽의
미역와사비밥이나 94쪽의
조개밥을 참조하세요~^^

요 리 총 각 의 밥 상

콩나물밥 맛을 살려주는 양념장들

달래양념장
재료 송송 썬 달래(3큰), 송송 썬 붉은고추(1큰),
송송 썬 풋고추(1큰), 간장(8큰), 설탕(반작), 깨소
금(1작), 참기름(2방울)
만들기 1. 재료를 준비해서, 2. 간장에 재료를
모두 넣어 섞으면, 향긋한 달래양념장 완성!

깻잎양념장
재료 깻잎(3~4장), 간장(8큰), 풋고추(1큰), 붉은고
추(1큰), 설탕(반작), 깨소금(1작), 참기름(2방울)
만들기 1. 재료를 준비해주세요. 깻잎은 돌돌 말
아서 잘게 채를 썰어주고, 고추는 잘게 다져주세
요. 2. 간장(8큰)에 재료를 넣고 잘 섞어주면, 향
과 색이 일품인 깻잎양념장 완성!

양파양념장
재료 양파(반개), 간장(반컵), 식초(반큰), 설탕(1큰)
만들기 1. 양파(반개)를 엄지손톱 크기로 큼직하
게 다져두세요. 2. 간장(반컵)에 식초(반큰)와 설탕
(1큰)을 넣고 잘 섞은 다음, 3. 여기에 양파를 넣
으면, 감칠맛이 일품인 양파양념장 완성!

만드는 법

1 콩나물(2줌)을 꼬리만 떼서 손질해놓으세요.

2 돼지고기(1줌)는 비계가 없는 걸로 준비해서 고기
  양념에 재워두었다가,

3 고기양념에 잘 재워진 돼지고기를 프라이팬에 살
  짝만 볶아내세요.

4 30분 이상 불린 쌀(1컵)과 물을 뚝배기에 넣고,
  3의 볶은 고기를 양념장까지 싹싹 긁어서 함께
  올린 다음,

5 그 위에 콩나물(2줌)을 올리고 밥을 지으면, 완
  성!

6 분량의 재료를 잘 섞어서 간장양념장을 만들어
  밥과 함께 내면 된답니다.^^

알밥

알
밥

가장 쉽게 구할 수 있는 날치알로 알밥을 만들어보았어요.
날치알은 비교적 저렴한데다 비린 맛이 없어 어떤 음식에나 잘 어울린답니다.
신선하고 시원한 맛의 날치알! 오늘 메뉴 결정! 날치알밥에 도전해보세요! ^^

요리총각의 한마디

알밥 더 맛있게 즐기는 비법!

●날치알은 너무 많이 올리지 마세요. 날치알이
상당히 느끼하기 때문에 너무 많이 넣으면 별로
랍니다. 1큰 조금 안 되는 정도면 돼요.

●날치알은 수분이 많은 편이기 때문에 수분을
미리 제거해야 고소하고 씹히는 질감이 살아나
는 알밥이 된답니다. 날치알을 종이타월에 올려
잠시 두면 수분이 흡수되어 고슬고슬해져요. 그
렇지만 너무 오래 상온에 방치해두면 오히려 물
이 많이 생기고 푸석해지므로 살짝 해동시키는
게 포인트입니다.

●뚝배기가 있다면 뚝배기에 마가린이나 버터를
살짝 녹여서 뜨겁게 달군 뒤 밥을 넣고 날치알
을 올려보세요. 타닥타닥 익혀지는 소리가 입맛
을 더 돋운답니다.

●다른 반찬 없이, 특별한 조리 없이, 날치알만
가지고 맛있는 밥을 만드는 방법! 바로 신 김치
를 이용하는 거랍니다. 신 김치를 잘게 송송 썰
어서 설탕과 참기름, 다진 마늘로 간을 한 후 알
밥에 올려서 비벼 먹어보세요. 정말 맛있는 알밥
이 된답니다. 살짝 가열해서 먹으면 감칠맛이 훨
씬 더해요.

●옥수수통조림을 마요네즈에 살짝 버무려서 알
밥에 얹어 같이 비벼 먹어도 별미예요.

만드는 법

1 레몬즙(반큰)과 소금(반작)을 넣은 얼음물에 날치
알(2큰)을 잠깐 담가둡니다.

2 당근(1/5개)과 깻잎(3~4장)은 먹기 좋게 채를 썰
고, 김도 잘게 썰어두세요.

3 약간 식은 밥(1공기)을 넓은 용기에 담고,

4 여기에 야채와 날치알, 계란노른자를 얹은 뒤, 초
고추장에 쓱쓱 비비면, 완성!

모듬초밥

재료 (1인분)

주재료 대하, 표고버섯, 파프리카, 김치, 맛살, 밥,
김, 초대리

초대리 식초(1큰), 설탕(1큰), 소금(1작)

만드는 법

1 초밥의 핵심재료를 준비합니다. 집에 있는 어떤
것이라도 밥 위에 올려놓을 수 있는 것이라면 다
좋아요.^^

2 야채는 초대리에 절여 놓고,

3 새우는 끓는 물에 소금(약간)을 넣고 삶아주세요.

4 물(반컵), 간장(4큰), 설탕(1큰)을 섞은 졸임장에 표
고버섯을 넣어서 끓여주시고요,

5 초대리를 섞은 밥을 초밥과 같이 쥐어서 와사비
를 찍고,

6 재료를 올리고 김으로 말아내면, 완성!

집에 있는 재료를
이용해서 초밥 기분을 내봤어요.
남은 재료들도 처리하고,
새콤한 초밥 먹는 기분도 내보고,
뭐든지 얹어먹는 나만의 모듬초밥,
지금부터 소개할게요~ ^^

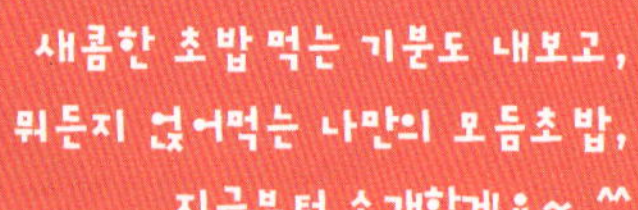

**요리총각의
비법 전수**

밥 1공기에 초대리 2~3큰 정도
비율로 섞어주세요.

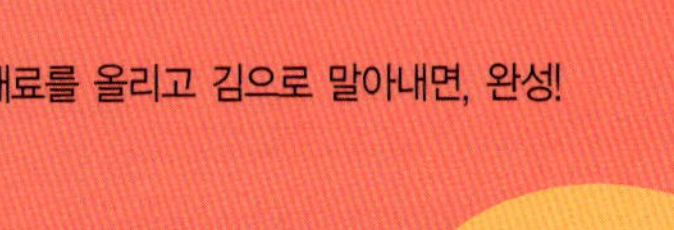

막김밥!

재료(1인분)

주재료 밥, 살짝 구운 김, 단무지, 당근채, 소금

초대리 식초(1큰), 설탕(1큰), 소금(1작)

만드는 법

1 당근채를 기름에 볶아냅니다.
   소금간 살짝 해주시고요.

2 밥은 식혀서 초대리를 넣고 잘 섞어두세요.

3 김말이 위에 김을 올리고,

4 밥을 잘 펴 바른 다음 단무지와 당근채를 올려
   잘 말아주면, 완성! 김치와 함께 드세요. ^^

배추된장국

무슨 국을 해먹을까, 고민될 때 많으시죠?
그럴 땐 우거지나 배추로 된장국을 끓여보세요. 재료 간단하고, 요리 과정 간편하고,
어떤 음식에도 잘 어울리는, 팔방미인 배추된장국을 소개할게요~ ^^

주재료　배추(2~3장), 찌개용 돼지고기(30~40g),
　　　　다시마(1장), 국멸치(5개), 매운 고추(1개),
　　　　된장(수북이 1큰), 소금(약간)

만드는 법

1 냄비에 물(1컵 반)을 붓고, 다시마(1장)와 국멸치(5
　개)를 넣고 끓이다가 물이 끓기 시작하면 5분 정
　도 더 끓여서 다시물을 냅니다.

2 배추(2~3장)는 깨끗이 씻어서 적당한 크기로 자
　른 다음,

3 1의 다시물에 배추와 찌개용 돼지고기를 넣고 끓
　이다가,

4 거름망을 이용해 된장(수북이 1큰)을 풀고,

5 여기에 어슷썬 고추(1개)를 넣고 소금(약간)으로
　간을 하면,

6 완성! 간단하죠? ^^

시금치된장국
깨끗이 씻은 시금치를 소금물에 살짝 데친 다음
찬물에 헹궈서 체에 밭쳐 물기를 빼고 사용하세
요.

조개된장국
모시조개나 바지락같이 작은 조개들을 사용하세
요. 깨끗이 씻어 소금물에 해감을 빼낸 조개를,
국이 끓을 때 넣어서 조개입이 벌어질 때까지
더 끓이면 됩니다.

두부된장국
두부는 된장의 짠맛을 감소시켜 주고 영양가도
더 높여주죠. 된장국이 좀 짜다 싶으면 두부를
썰어 넣어서 간을 맞춰보세요.

호박된장국
호박을 반달모양으로 썰어서, 국물이 끓으면 호
박을 넣고 푹 끓여주세요. 된장국 맛이 한층 더
구수해진답니다.

미역국

재료(1인분)

주재료 불린 미역(반컵), 소고기(약간), 국간장(2큰),
소금(1작), 물(1컵), 참기름(2큰)

생일날 미역국을 먹지 않으면 어쩐지 허전하고 생일 기분이 나지 않더라고요.
담백한 미역국 하나만 잘 끓일 수 있으면,
반찬 없고 딱히 무언가 만들기도 귀찮은 날에 아주 요긴하게 한끼때울 수 있답니다.
미역국의 매력은 무엇보다도 만들기 간단하다는 거죠!
간단하지만 깊은 맛을 내는, 미역국 만들기에 도전해볼까요?^^

만드는 법

1 참기름(2큰)을 냄비에 두르고,

2 불린 미역(반컵)은 물기를 꼭 짜낸 뒤, 1에 넣고
1분 정도 달달 볶아주다가,

3 소고기를 넣어서 미역과 같이 1분 정도 더 볶아
주세요.

4 거기에 물(1컵)을 붓고, 국간장(2큰)과 소금(1작)을
넣어 끓이면, 완성! 간이 좀 밍밍하다 싶으면 다
시다를 약간만 넣어보세요. 맛이 확 달라져요.^^

**요리총각의
비법 전수**

생미역은 그냥 바로 사용하면
됩니다. 건미역은 미역이 아주
부드러워질 정도로 미지근한
물에 충분히 불려서
사용하세요.

**내 맘대로
재료 넣기**

바지락 같은 조개류를 넣으면
국물이 매우 시원하답니다.
물이 끓기 시작하면 조개를
넣어주세요.

가지냉국

재료(1인분)

주재료 가지(1개), 물(반컵), 소금(1작 반)

양념장 다진 파(반큰), 다진 마늘(반큰),
고춧가루(반큰), 깨소금(반큰), 국간장(1큰),
식초(1큰), 설탕(1큰), 다진 붉은고추(1작),
다진 풋고추(1작), 소금(반작)

만드는 법

1 가지(1개)는 중간크기로 준비해주세요.

2 가지를 반으로 잘라 찜통에 넣고 5분 정도 쪄주
세요. 젓가락으로 찔러 푹푹 잘 들어가면 다 쪄
진 거랍니다.

3 분량의 재료를 잘 섞어서 양념장을 준비하셔서,
2의 찐 가지를 먹기 좋게 찢어서 양념장에 조물
조물 잘 무쳐주세요.

4 양념장에 무친 가지에 물(1컵 반)을 붓고, 거기에
얼음을 동동 띄우면, 완성!

가지로 해먹을 수 있는 음식은 굉장히 많답니다.
특히 저는 가지구이를 '매우 많이 너무너무 정말로' 좋아하는데요~ ^^
특이하기로 따지면 가지냉국을 따라갈 수 없을 것 같더라고요!
새콤하고 달콤하고 시원한 가지냉국! 입맛 없어서 혼자서 밥 먹기 싫을 땐,
요놈처럼 밥상을 싱그럽게 해주는 것도 없답니다~

요리총각의 밥상

가지구이

가지를 세로로 잘라서 소금, 후추로 간을 한 다
음, 기름을 두른 팬에 구워주면, 완성!
취향에 따라서, 고추장이나 된장양념을 더해도
아주 맛나답니다.

여행을 떠나요

사진 1 소매물도의 등대섬
소매물도가 어디 박혀 있는 섬이냐고요? 거제도 밑에 대(大)매물도가 있고 그 아래에 소(小)매물도가 있답니다. 정말 아름다운 곳이에요. 혹시 예전의 쿠쿠다스 광고 생각나세요? 등대섬이 배경인 광고 말이에요. 바로 그 등대섬이 소매물도에 있답니다. ^^

사진 2 고래꼬리
여객선을 타고 소매물도로 들어가는 길. 고래꼬리 같은 포말을 일으키며 여객선은 소매물도로 향하고, 우린 바다와 하늘을 하염없이 쳐다보고.

사진 3 참돔회를 뜨고 계시는 마리오아저씨
우리가 소매물도에서 묵었던 민박집 주인아저씨. 아저씨는 순식간에 절벽을 통통통 타고 내달리셔서 배가 묶여 있는 곳에 안착하셨어요. 정말 순식간에 벌어진 일이었죠. @.@ 아저씨의 통통 튀는 그 모습은 게임에서 많이 보았던 마리오와 똑같았어요. 우리는 만장일치로 아저씨를 마리오아저씨라 명명했답니다.

누구에게나 마음속에 소중히 남아 있는 여행이 있을 거예요. 전 작년 10월에 갔다 온 '소매물도로의 여행' 이 바로 그런 여행이랍니다. 그때를 생각하면 지금도 정말 기분이 좋아져요.

소매물도는 통영에서 배로 1시간 반 정도 더 들어가야 해요. 우리 일행은 새벽에 청량리역에서 출발해 아침 첫 배시간인 7시 전에 간신히 통영에 도착할 수 있었답니다.

잠도 제대로 못 잔 채 서울에서 소매물도까지 줄곧 달려온 우리였지만, 그래도 졸린 눈을 비비며 등대섬으로 가기로 했지요. 소매물도와 등대섬은 하나로 연결되어 있는데, 가운데 움푹 파인 곳으로 시간에 따라 물길이 드러났다 사라졌다 한대요. 우리가 갔을 때에는 벌써 물이 들어차 있어서 배를 타고 들어가야 했어요. 모터보트를 타고 기암절벽으로 된 동굴을 전속력으로 빠져 나갈 때의 그 기분이란! 진짜 무서우면서도 스릴 넘치더라고요!! >_<

등대섬의 작은 선착장에 내려서 등대까지 올라가보기로 했어요. 그런데 마침 먼저 와 있던 여행객들이 등대로 바로 올라가지 말고 섬의 오른쪽으로 돌아서 올라가라고 알려주시더라고요. 우린 착한 여행객들이라 그 말을 그대로 따랐지요. 등대로 가는 길을 버리고 섬의 오른쪽 굽이길로 돌아가자… 와! 마치 지중해를 보는 듯한 아름답고 이국적인 풍광이 펼쳐지는 겁니다! 에메랄드 빛 투명한 그 바다란!

사진도 찍고 즐겁게 놀다가, 우리가 묵기로 한 '하얀산장' 의 주인 마리오아저씨와의 약속시간에 맞춰 선착장으로 내려왔어요. 회가 우리를 기다리고 있었거든요! 시간 약속을 하고 회를 주문하면 즉석에서 참돔회를 떠주시는데, 6마리 정도의 중간크기 참돔이 단돈 3만원! 싸서 맛이 별로일 것 같다고요? 지금까지 먹어봤던 그 어떤 회보다 달고 맛있었답니다! 넓은 바다를 병풍 삼고 바닷가 너른 바위를 방석 삼아, 가지고 간 와인과 함께 살살 녹는 참돔회를 먹는 그 기분이란!

232"

불량식품의추억

나를좌절하게했던요리들

정말 피곤하긴 했죠. 전날 밤새워 달려 내려왔지, 오늘 하루종일 놀았지, 그래도 여행의 유일한 밤인 오늘밤을 그냥 보낼 순 없었어요. 저녁식사를 하고, 여객선 타기 전에 구입한 대조개와 고동을 석쇠에 올려 버터를 발라가며 구워 먹었죠. 술은 와인과 맥주! 인심 좋은 마리오아저씨가 정말 싸게 캔맥주를 제공해주셨어요. 게다가 조개와 고동이 거의 바닥이 날 때쯤, 마리오아저씨가 맥아리(전어 새끼예요)를 한 바구니나 가지고 오신 거 있죠! 직접 운영하시는 어장에서 석화와 홍합도 한가득 따가지고 오셨답니다! 물론 다 공짜로요!^^ 그렇게 밤은 깊어가고 있었어요. 새벽 1시쯤 되었을까, 갑자기 마리오아저씨가 긴급제안을 하시더라고요.

"야밤 보트유희나 갈까?"

오호!!!〉〈 소매물도에선 돈을 낸다고 해도 밤에는 배를 잘 안 띄운대요. 그런데 정작 소매물도 최고의 경관은 밤바다에 있다고 하니!! 마리오아저씨의 제안은 정말 엄청난 거였던 거죠!

배를 타고 밤바다로 나왔어요. 태양빛으로 착각할 정도로 정말 눈부신 달빛이 쏟아지고 있더군요. 이렇게 날씨가 좋은 날도 드물다고 마리오아저씨가 한마디하시더군요. 아저씨는 배를 최고 속도로 몰면서 '취중 기암절벽 동굴 통과 묘기'를 감행하셨고, 우리는 비명을 꽥꽥 지르면서 오싹오싹한 스릴을 즐겼답니다. 그렇게 등대섬으로 다가가서는, 배의 엔진을 끄고 그저 표류하기 시작했어요. 등대에서 십자로 퍼져 나오는 삼파장 불빛이 밤바다에 부서지는 광경은, 마치 깊고 까만 도화지 위에 순수한 하얀 빛의 그림이 그려진 느낌이었어요. 반대편에선 달빛이 비치고, 하늘엔 금방이라도 쏟아질 듯 별들이 떠 있고, 바람에 물결에 그저 흘러가는 대로 떠다니는 배 위에 누워, 우린 남은 와인을 홀짝거리며 노래를 불렀답니다.

그날 밤은 절대 잊을 수 없을 거예요. 카메라 배터리가 다 돼서 사진을 찍지 못한 게 한이라면 한이랄까… 그래도 괜찮아요. 소매물도의 푸른 바다와 깊은 밤하늘은 제 마음속에 선명하게 찍혀 있으니까요! ^-^*

지리

바다 여행에서 빼먹을 수 없는 '회'! 남은 부분으로는 지리를 만들어 먹으면 정말 맛있답니다. 지리는 복어나 대구 등의 생선에 야채를 넣고 말갛게 끓인 국을 말합니다. 자, 지리 만드는 간단한 방법을 알려드릴게요~^^

재료
지리용 생선(복어, 대구, 돔, 우럭 등), 파, 소금

지리 끓이기
1. 돔 또는 우럭을 내장과 껍질을 제거하고 깨끗이 씻어 냄비에 넣고 센불에 끓이다가 한소끔 끓으면 불을 약하게 하여 30분 정도 고아주세요. 국물이 흰색에 가까울 정도로 우러나야 합니다.
2. 상에 내기 직전에 어슷썬 파를 올리고, 소금으로 간을 맞추면, 완성! ^^

6부

여자친구에게
점수 좀 따볼까?

서양식으로 분위기 좀 내볼까?

피자에서 스파게티까지, 분위기 나면서도 맛있는
서양식 요리들을 모아봤습니다. 절대 어렵지 않아요!
총각인 저도 해냈는데요, 뭘! 자, 함께 만들어볼까요?^^

서양식으로 분위기 좀 내볼까?

피 자

피자 만드는 게 어렵다는 생각은 버리세요!
재료만 다 준비해놓고 하나씩 올린 후에 구워내기만 하면 된답니다.^^
정말 간단하죠? 그럼 도전해볼까요?^^

주재료 피자반죽가루, 양송이버섯(3개), 피망(반개),
옥수수통조림(3~4큰), 소고기(30g),
피자치즈(100g)

소스 케첩(8큰), 우스터소스(2큰), 다진 양파(4큰),
다진 마늘(1큰), 설탕(1큰), 소금(약간), 물(2큰)

만드는 법

1 피자반죽가루는 마트에서 구입하셔서 설명서대
로 1덩어리 반죽해두세요.

2 팬에 1의 반죽을 넓게 펼친 다음, 포크로 구멍을
여기저기 뚫어두세요.

3 분량의 재료를 잘 섞어 소스를 만든 다음, 2의 반
죽 위에 소스를 잘 펴 발라주고, 그 위에 편으로
썬 양송이버섯(3개)과 피망(반개)을 올려주세요.

내 맘대로 재료 넣기

소스 만들기 어렵거나 귀찮으시면
스파게티소스를 구입하셔서
반죽에 발라주셔도 됩니다. 정말
간단하게 하시려면, 케첩에 소금과
후추로 간을 한 뒤 양파만 다져
넣은 소스를 쓰셔도
된답니다.

4 팬에 버터나 올리브유를 두르고(없으면 식용유도
괜찮아요), 소금과 후추간을 해서 소고기를 볶아
서, 소고기 볶음도 피자반죽 위에 올려주세요.

5 그 위에 잘 다진 피자치즈(100g)를 충분히 올리
고 옥수수통조림(3~4큰)을 잘 뿌린 다음,

6 오븐에 넣어서 피자치즈가 끓어오를 때까지 잘
구워주면, 완성! ^^ 오븐이 없으면, 넓은 프라이
팬에 넣고 뚜껑을 덮은 다음 익혀주세요.

요리총각의 비법 전수

피자치즈를 사면 대략
200g이나 300g으로 표시가
되어 있어요. 그걸 눈대중으로
절반이나 1/3으로 나눠서
사용하시면 된답니다.^^

새우도리아

새
우
도
리
아

솔직히 저는 도리아보다는 스파게티를 더 좋아하지만,
해산물과 치즈가 듬뿍 들어간 도리아엔 껌벅 죽는답니다.^^ 이번엔 새우만 넣고 만들어봤지만,
다양한 해산물을 넣어서 얼마든지 내 맘대로 응용할 수 있는 아이템이 바로 도리아랍니다.
우선 새우도리아에 도전해보시고, 그 다음엔 나만의 특제도리아를 만들어보세요~^^

만드는 법

1 우선 칵테일새우(반줌)를
  끓는 물에 살짝 데쳐서 굵게 다지고,

2 감자(반개)와 피망(1개)은 손톱크기만 하게 썰어놓
  으세요.

3 팬에 버터(1큰)를 두르고 감자를 먼저 넣고 겉이
  익을 정도로 볶아주다가,

4 피망을 넣고 1분 정도 더 볶아주세요.

5 여기에 밥(1공기)을 넣고 케첩(4큰), 소금(약간), 후
  추(1/3작)로 간을 한 다음, 잘 섞으면서 볶다가,

6 1의 굵게 다진 새우를 집어넣고 센불에 30초간
  볶아주면, 일단 밥은 완성!

7 버터(1큰)에 밀가루(1큰)를 넣어 볶다가 갈색으로
  변하기 전에 우유(반컵)를 넣어서 엉기지 않게 잘
  풀어서 걸쭉하게 소스를 만듭니다. 이걸 보통은
  '화이트루' 라고 부른답니다.^^

8 내열용기 바닥에 화이트루를 조금(3~4큰) 붓고,

9 6의 볶아놓은 밥을 담고, 화이트루를 한번 더 붓
  습니다. 많이 붓지는 마시고요, 한 3~4큰 정도
  요.

10 마지막으로 피자치즈(100g)를 듬뿍 올려서 170
   도 오븐에서 치즈가 끓어오를 때까지 구워주면,
   완성!

연어스테이크

연
어
스
테
이
크

연어가 참 맛있는 생선인 건 잘 알고 계시죠? 더불어 분위기도 잘 살려주는 생선이 바로 연어랍니다.
다른 생선들은 기껏해야 생선까스 정도인데, 연어는 스테이크랍니다! ㅋㅋ^^
핑크빛 도는 연한 색상이 눈을 즐겁게 하고,
고소하고 부드러운 맛이 입을 즐겁게 만드는 연어스테이크! 만들어볼까요?^^

242

재료(1인분)

주재료 연어(1토막), 레몬즙(1큰), 당근(엄지손가락 크기
 정도로 2도막), 피망(약간), 브로콜리(약간),
 소금(약간), 후추(약간)

소스 간장(2큰), 청주(1큰), 꿀(2큰), 물(1큰),
 와사비(약간)

만드는 법

1 연어(1토막)는 소금(약간, 엄지와 검지로 소금을 쥐고
 가볍게 뿌려주세요.), 후추(약간), 레몬즙(1쪽)으로 밑
 간을 해두고,

2 당근(2도막)은 엄지손가락 크기 정도로, 브로콜리
 (3~4쪽)는 먹기 좋은 크기로, 피망(반개)은 굵게
 채를 썰어두세요.

3 분량의 재료를 잘 섞어서 소스를 준비해주세요.

4 올리브유를 팬에 두른 다음, 밑간을 해둔 연어를
 잘 구워주고,

5 야채는 소금과 후추로 간해서 올리브유에 볶아주
 세요.

6 연어스테이크를 그릇에 예쁘게 담고 준비한 야채
 를 곁들이면, 완성! 소스는 찍어 드셔도 되고 뿌
 려 드셔도 된답니다.^^

요 리 총 각 의 밥 상

와인쿨러

연어스테이크에는 화이트와인이 가장 잘 어울려요.
와인보다 좀더 가벼운 음료수를 곁들이고 싶다면,
와인쿨러가 딱이죠!

재료 레드와인 1 : 사이다 1.5

만들기 1. 레드와인을 준비해주세요. 요즘엔 마트에
가면 5,000원대 와인도 꽤 많답니다. 1천원대 국
산 와인은 피해주세요. 알콜향이 강하고 너무 달아
서 와인쿨러용으로 안 맞아요. 2. 레드와인과 사이
다의 비율은 1 : 1.5 입니다. 알콜농도가 좀더 진한
걸 원하는지 약할 걸 원하는지에 따라 비율은 조정
하시면 됩니다. 와인과 사이다를 잘 혼합해서 시원
하게 냉장고에 보관하면, 완성! 3. 다 마시고 난 이
쁜 맥주병을 깨끗이 씻어서 먹기 직전 와인쿨러를
담아내면 나름의 멋이 있겠죠? ^^

프랑스에선 와인으로 만든 요리가 많답니다. 그 중에서 가장 유명한 국민요리가
닭을 와인에 통째로 절여 삶아낸 꼬꼬뱅이랍니다.^^ 어떤 와인을 썼느냐에 따라서 고급요리가 되기도
하고 서민의 요리가 되기도 한다니, 재미있죠? 포도주의 향기와 풍미가 닭 속에 깊숙이 배어들어,
달콤하면서도 담백한 맛을 내는 꼬꼬뱅! 분위기 잡기엔 이것만한 게 없답니다!
여자친구에게 사랑받기, 그렇게 어렵지 않다니까요~ ^^

재료 (1인분)

주재료 닭(큰 것 1/3마리), 포도주(1컵 반), 닭육수(1컵),
당근(반개), 양파(반개), 마늘(3쪽), 허브(약간),
샐러리(2쪽), 양송이버섯(5개), 버터(1큰),
스파이스(또는 통후추나 월계수잎 1~2장),
우스터소스(또는 케첩 1큰), 소금(약간),
후추(약간), 밀가루(1큰 반)

닭육수 재료 닭목뼈(1개), 닭날개끝부분(2개), 물(2컵),
마늘(2~3쪽), 소금(반작), 후추(1/3작)

만드는 법

1 양파(반개)는 손가락 굵기만큼, 당근(반개)은 반달
모양으로, 마늘(3쪽)은 편으로, 샐러리(2쪽)는 어슷
하게 썰어두세요. 제가 사용한 허브는 애플민트
와 라벤다예요.

2 포도주(1컵 반)에 샐러리, 양파, 당근, 스파이스(또
는 통후추나 월계수잎 1~2장)를 넣고, 5~10분 정
도 끓이다가, 불을 끄고 포도주는 따로 따라내서
보관하고,

3 야채 건더기들은 올리브유에 한번 볶아주세요.

4 팬에 버터를 두르고 센불에 닭 표면이 노릇해질
때까지만 익혀주세요. 닭이 익으면서 기름이 생
기는데, 그 기름은 따라내 버리고 닭은 다른 접
시에 놔두세요.

5 버터(1큰)을 두른 팬에, 편으로 썬 마늘(3개)과 양
송이버섯(5개)을 볶아주다가, 소금(반작)과 후추(약
간)로 간을 해주세요. 눈으로 봐서 마늘이 갈색이
되면 다 익은 거랍니다. 너무 익혀서 타버리면
곤란합니다. ^^;

6 물(2컵)을 끓이다가, 물이 끓기 시작하면 닭목뼈(1
개)와 닭날개(2개), 마늘(2~3쪽)을 넣고 5~10분
정도 센불에서 팔팔 끓여주세요. 그리고 소금(반
작)과 후추(1/3작)로 간을 하고 물의 양이 반으로
졸 때까지 중불에서 끓여주면, 닭육수 완성!

7 여기에 3의 볶은 야채를 닭과 함께 넣고, 2에서
따로 보관해둔 포도주(1컵 반)와 닭육수(1컵)를 부
은 뒤, 우스터소스(또는 케첩 1큰)을 넣고 30분 정
도 팔팔 끓이다가,

8 밀가루를 푼 물(물 4큰+밀가루 1큰 반)을 넣고는
중불에 졸여줍니다. 걸쭉해지면 다 된 겁니다. 간
은 소금(반큰)으로 맞춰주세요. 조금 싱거워야 나
중에 간이 잘 맞습니다.

9 그릇에 닭을 먼저 담아내고, 양송이와 마늘 볶은
것을 위에 얹은 다음, 걸쭉한 국물로 덮어내면,
완성! 그 위에 파슬리 가루도 솔솔 뿌려주세요.

까르보나라

까
르
보
나
라

까르보나라에는 특별한 추억이 깃들어 있답니다. 옛날 여자친구와 처음 같이 먹었던 요리가
바로 까르보나라였거든요. 사실 그때는 먹으면서 '김치를 다오!'라고 속으로 외쳤었지만요…^^;;
한번 두번 자꾸 먹다 보니 그 고소하고 진한 맛의 묘미를 알게 되더라고요.
자, 그 깊고 진한 맛을 이제 집에서 맛볼 수 있답니다~^^

재료(1인분)

주재료 스파게티면(150g), 우유(200ml),
마요네즈(1큰), 버터(2큰), 베이컨(또는 햄
약간), 마늘(2쪽), 다진 양파(반개),
계란노른자(1개), 파슬리(약간),
붉은 파프리카(반개), 소금(반작),
바질(또는 스파이스)

만드는 법

1 시간이 많이 걸리는
스파게티면부터
삶아주세요. 물에 소금을
약간 넣고 끓이다가, 물이 끓으면 면을 넣고 약
10~20분 정도 삶아줘야 합니다.

2 우유(200ml)에 버터(1큰)와 마요네즈(1큰)를 넣고
적당히 저어놓고,

3 삶은 계란노른자는 체에 내려놓으세요.

4 팬에 버터(1큰)를 두르고, 베이컨(또는 햄)을 볶아
주다가, 마늘편(2쪽)과 다진 양파(반개)를 넣고, 양
파가 노르스름해질 때까지 볶아주세요.

5 냄비에 2와 3을 넣고 끓이다가 걸쭉해지기 전에
4를 넣은 다음, 걸쭉해질 때까지 계속 끓여주세
요. 간은 소금과 후추로 해주시고요.

6 삶아놓은 스파게티면을 올리브유나 식용유에 살
짝 볶아내서, 접시에 면을 담고, 소스를 끼얹은
뒤, 파프리카로 장식하면, 완성!

요 리 총 각 의 밥 상

까르보나라는 콜라나 레몬에이드와 같이 먹으면
느끼하지 않고 좋답니다~

레몬에이드

재료 레몬(반개), 꿀(3작), 사이다(Kin사이다 1캔)
만들기 1. 물에 한번 씻은 레몬(반개)을 소금으로
빡빡 문질러 흐르는 물에 헹궈준 다음, 반으로 잘
라 즙을 내주세요. 소금으로 씻으면 농약성분도 제
거되고 레몬의 향도 더 살아난답니다. 2. 꿀(3작)을
에이드잔에 넣고, 3. 여기에 1의 레몬즙을 넣어 잘
섞은 다음, 4. 사이다(1캔)를 붓고 얼음을 띄우면,
완성!

해물스파게티

스파게티를 집에서 만드는 게 그리 어려운 게 아니라는 건 마늘소스스파게티를 만들면서 느끼셨죠?^^
이번엔 조금 난이도를 높여서, 해물스파게티에 도전해봅시다! 다양한 해물이 들어가서 푸짐하면서,
토마토소스가 우리 입맛에 잘 맞는, 해물스파게티! 지금부터 도전, 시작!^^

재료(1인분)

주재료 스파게티면(반줌), 오징어(반마리), 조개(5개),
　　　　칵테일새우(30g), 양송이버섯(2개),
　　　　양파(반개)

소스 토마토(큰 것 1개), 케첩(2큰), 우스터소스(1큰),
　　　밀가루(1큰), 버터(1큰), 소금(약간), 후추(약간),
　　　월계수잎(1장)

만드는 법

1 오징어는 통으로 썰고, 나머지 해물은 흐르는 물
　에 헹궈서 씻어주세요. 조개류는 굳이 껍질을 벗
　기지 않아도 됩니다.

2 다진 토마토(큰 것 1개), 케첩(2큰), 우스터소스(1큰),
　소금(약간), 후추(약간)를 잘 섞어둡니다.

3 오징어, 조개, 칵테일새우 등 해산물은 끓는 물에
　1분 이내로 아주 살짝 데쳐주세요.

4 스파게티면(반줌)은 끓는 물에 소금을 약간 넣고
　10분 정도 삶아주세요.

5 팬에 버터(1큰)를 넣고 밀가루(1큰)를 넣어 볶다가
　2의 소스를 넣고 물(3~4큰)을 부어서 끓여줍니
　다. 이때 월계수잎(1장)이 있으면 함께 넣어서 끓
　여주다가,

6 여기에 해산물과 편으로 썬 양송이버섯(2개), 다
　진 양파(반개)를 넣어서 한소끔 끓여내면, 소스 완
　성! 삶아놓은 스파게티면을 그릇에 담아내고 그
　위에 소스를 끼얹으면, 푸짐하고 맛있는 해물스
　파게티 완성!

요 리 총 각 의 밥 상

초콜릿푸딩

분위기 내는 식사 뒤에 초콜릿푸딩을 디저트로 내
보세요. 달콤하고 부드러운 맛이 분위기를 더 즐겁
게 만들어줄 거예요. 시간도 10분 정도만 투자하면
된답니다.

재료 초콜릿(1개), 우유(1컵), 설탕(1/3컵), 녹말(2큰),
소금(약간), 버터(1큰), 건포도(1큰), 럼(또는 칼루아나 위
스키 1작)

만들기 1. 푸딩을 담을 그릇은 필수입니다. 손잡이
가 달린 일반 컵에 하셔도 된답니다. 2. 초콜릿은
중탕으로 녹이세요. 밥그릇에 초콜릿을 담아, 물을
적당히 부은 냄비에 넣고 녹이시면 돼요. 3. 우유(1
컵)와 설탕(1/3컵)을 섞어두고요, 4. 집에 양주가 있
다면 향이 날 정도로만 조금(1작) 넣어주세요. 럼주
가 가장 좋아요. 5. 팬에 버터(1큰)를 녹이고 녹말(2
큰)을 뭉치지 않게 잘 섞어준 다음, 중탕해서 녹인
초콜릿을 천천히 부어서 잘 섞어주고, 6. 여기에 3
의 우유와 설탕 섞은 것을 부어서, 3~10분 정도
끓여서 걸쭉한 상태가 되면 불을 끄고, 그릇에 담
아 냉장실에 2~3시간 보관한 후에, 생크림을 얹거
나 건포도나 견과류를 올리면, 완성!

마늘소스스파게티

마늘소스스파게티

이탈리아에선 여름에 마늘스파게티를 주로 먹는다고 해요.
살균력이 강하고 스태미나 식품인 마늘로 만든 스파게티로 더위에 지친 몸에 힘을 보충하는 거라네요.
사랑하는 사람에게 무더운 여름날 짠~ 하고 만들어주고 싶어지지 않나요?^^
간단하게 만들 수 있으면서도 깊은 맛을 내는 마늘소스스파게티를 추천합니다.
아주 맛있는 마늘향이 난답니다~^^

재료(1인분)

주재료   스파게티면(150g), 마늘(2~3쪽),
　　　　　붉은고추(1개), 버터(2큰), 소금(약간),
　　　　　후추(1/3작), 파슬리가루(또는 민트잎)

만드는 법

1 마늘(2~3쪽)은 편으로 썰어두세요. 대략 0.3mm
　두께 정도로요. 너무 얇지 않게 너무 두껍지도
　않게요~^^ 붉은고추(1개)는 송송 썰어두시고요.

2 물에 소금(반작)을 넣고 끓이다가, 팔팔 끓으면 스
　파게티면을 집어넣고 10~20분간 잘 삶아주세
　요.

3 냄비에 버터(1큰)를 두르고 마늘과 고추를 한번
　볶아주다가,

4 잘 익은 스파게티면을 넣고 버터(1큰)에, 소금(약
　간), 후추(약간)로 간을 해서 볶아낸 뒤, 그릇에 예
　쁘게 담아내면, 완성!

요리총각의밥상

마늘빵

스파게티엔 역시 마늘빵이 제격이죠. 바게트빵을 이
용해서 마늘빵을 만들어보세요. 달콤하고 부드러운
마늘빵이 있으면 스파게티 맛이 더 살아난답니다.

재료 바게트빵(반개), 버터(3큰), 다진 마늘(2큰), 설탕
(반큰), 파슬리가루

만들기 1. 바게트빵은 적당한 크기로 썰어주세요.

2. 실온에서 녹인 버터(3큰)에 다진 마늘(2큰)과 설
탕(반큰)을 넣고 잘 섞어서, 3. 바게트빵 위에 고르
게 잘 바른 다음, 4. 오븐에서 180도로 15분간 구
워주면, 완성! 전자레인지를 이용하셔도 되지만 오
븐에 구운 것만큼 맛있지는 않아요. 전자레인지의
경우, 중에서 1분 정도면 됩니다.

Index

책을 낸다는 일이 쉽지 않다는 것은 알았지만 이렇게 어려운 일일 줄은 정말 몰랐습니다. 이전에도 출판경험이 있긴 했지만 이번만큼 어렵고 긴 시간이 걸리지는 않았던 것 같아요. 힘들었지만 그만큼 저에게 많은 도움이 되었던 시간이었습니다.

나름대로 상당히 많은 종류의 요리들을 이 책에서 소개했습니다. 제가 직접 만들어서 해먹을 땐 몰랐었는데, 그걸 책으로 정리하자니 만만치 않은 작업이더군요. 하지만 그 무엇보다 먹는 문제가 해결되는 게 얼마나 중요한지를 자취생활하면서 절실히 깨달았기에 이 책을 읽어보실 분들을 생각하며 힘을 냈습니다.

사실 독립해서 살아간다는 것은 누구에게나 어렵고 힘든 일입니다. 그리고 그 중에 가장 큰 문제는 역시 먹는 문제겠죠. 저 또한 집을 나와서 혼자 살면서부터 요리를 하기 시작했으니까요. 사실 싱글이라고 하면, 어지러운 방에 라면 그릇이 굴러다니고 콘프레이크 가루와 빵조각, 음식이 쉰 듯한 큼큼한 냄새가 떠오지 않나요? 하하…… 한때 제가 그랬으니까요.^^; 하지만 요리를 시작하고부터 그런 생활이 싹 달라졌답니다. 하루에 한끼라도 일단은 잘 챙겨 먹게 되고, 나름대로 멋지게 만든 요리를 어지럽고 지저분한 방에서 먹기 찜찜해서 청소까지 하게 되더라고요. (저의 경우는, 미니홈피에 올릴 요리 사진을 찍기 위해서이기도 했지만요. ^^;)

자, 그렇게 시작한 요리들, 그리고 그 요리들이 책으로 묶여 나왔기 때문에 싱글로 살아가는 대한민국의 모든 분들께 도움이 되지 않을까 나름대로 생각하고 있답니다. ^^

특히 냉장고에서 놀고 있는 재료들을 이용해서 만들 수 있는 요리에서부터, 누군가 불시에 집에 쳐들어왔을 때 잠깐 만에 실력 발휘할 수 있는 요리들까지, 열심히 고르고 만들어서 소개했습니다.

별면꼭지도 재미있어요. '길거리음식', '라면', '요리 실패담', '불량식품', '여행' 등 각 주제에 얽힌 저의 추억과 생각과 느낌을 이야기한 코너인데요, 특히나 거기 들어갈 사진을 찍기 위해 정말 고생 많았답니다. −_−; 제가 모델도 아니고, 자연스럽게 웃으라고는 하지만 너무 어색해서 얼굴이 굳어질 수밖에 없는 건 어쩔 수 없잖아요. 더욱이 종로 거리 한복판에서 말이에요. ^^;; 그래도 재미있게 촬영을 마쳤고 책으로 나온 걸 보니 조금 부끄럽긴 하지만 그래도 그 시간들이 또 다른 추억으

로 남겠구나, 하는 생각이 듭니다.

긴 시간이었습니다. 아니, 짧은 시간이었습니다. 아니…….

저에게 이 시간이 긴 시간이었는지 짧은 시간이었는지는 나중에 알 수 있겠죠. 지금은 그저 책을 통해 맺게 될 여러분들과의 새로운 만남이 두근두근 기다려집니다.

아마추어 요리총각 형곤이가 만든, 싱글을 위한 요리들이 드디어 세상에 선을 보이네요. 저와 함께 요리의 세계로 한발 한발 걸어 들어갈 모든 독자분들께, 감사를 드리며 파이팅을 외칩니다.

정말정말 감사드립니다. 언제나 행복하세요!

사랑하는 adbada 김형곤 드림.

이 책을 내는 데 수많은 분들의 도움이 있었습니다. 그분들의 도움이 없었다면 아마 이 책이 나올 수 없었겠죠. 일일이 다 불러드릴 순 없지만 그래도 꼭 감사드리고 싶은 분들이 있습니다. 그래서 페이지 아까운 줄 모르고 적어보았어요.

Special Thanks To
장장 7개월 동안 저의 행패(?)를 묵묵히 받아주신 변경혜 편집자님, 죄송해요 ㅜ.ㅡ
맨날맨날 날 행복하게 해주던 '행복가득 마린블루스', 이거 요즘 유행이라던데…….
북하우스 사장님을 포함한 모든 분들, 사랑해요!
그리고 모든 것을 허락하신 나의 하나님.

Thanks To
사진 잘 찍어준 승회형과 금붕어 순구, 예쁜 선희, 오랜 친구 정희, 부모님, 김재봉 목사님, 한충렬 목사님, 직장인 희선이, 조조 진솔, 손권 영준, 어서와라 은미, STR, PPL의 살아 있는 신화 김동수 선배님, 조승현 팀장님, 미인 싸이어 박지현씨, 싸이월드 유현오 대표이사님, 서로형님 김진아님, 뉀구동지 신은선님, 자칭 형곤매니아 창진이, 마녀누님 숙열누나, 용철이형 이하 사랑하는 B반 식구들, 나의 넘버원 생활공간 ADPOWER, REDs 야구부 식구들, 제천 얼짱 재성이형, 얼렁뚱땅 단풍나무시럽 안 가져온 효준형, 단풍나무 시럽 가져다 준 동선이, 디자이너 성현이, 지윤이, 지혜, 영원한 나의 유식대장님, 내가 우리나라를 사랑하게 해주신 이순신 장군님, 세종대왕님까지…… 마지막으로 ILU, YS.

요리총각 김형곤의 싱글을 위한 요리법 © 김형곤

1판1쇄 2004년 11월 29일 | 1판2쇄 2009년 7월 17일

지은이 김형곤 | 펴낸이 김정순 | 기획 · 책임편집 변경혜 | 디자인 박정은 모희정
펴낸곳 (주)북하우스 퍼블리셔스 | 출판등록 1997년 9월 23일 제406-2003-055호

주소 121-840 서울시 마포구 서교동 395-4 선진빌딩 6층
전자메일 editor@bookhouse.co.kr | 홈페이지 www.bookhouse.co.kr
전화번호 02-3144-3123 | 팩스 02-3144-3121

ISBN   89-5605-109-7 13590

이 도서의 국립중앙도서관 출판도서목록(CIP)은 e-CIP 홈페이지(http://www.nl.go.kr/cip.php)에서 이용하실 수 있습니다.(CIP제어번호:CIP2004002009)